U0216248

中药学实验教学系列教材

指导委员会

主任 彭代银

委员 许　钒　桂双英　金　涌　陈　浩　年四辉
韩邦兴　王文建　施伶俐　王甫成

编　委　会

主编 桂双英

编委 （按姓氏笔画排序）

马　伟　马世堂　马灵珍　马陶陶　方艳夕
方清影　王　汀　王　茜　王存琴　包淑云
申传濮　任小松　刘　东　刘汉珍　刘劲松
刘超祥　刘耀武　华　芳　安凤霞　年四辉
朱　惠　朱月健　朱富成　汝燕涛　许　燕
闫　攀　何　宁　何宝佳　吴　飞　宋　珏
宋向文　张　伟　张艳华　张晴晴　李　军
李　芳　李丽华　李耀亭　杨青山　沈　悦
陆松侠　陆维丽　陈　浩　陈乃东　陈艳君
周凌云　朋汤义　郑峙澐　施伶俐　查良平
胡婷婷　赵玉姣　郭伟娜　顾晶晶　黄　琪
储姗姗　储晓琴　彭　灿　彭华胜　程　翔
程铭恩　谢　晋　谢冬梅　窦金凤　戴　军

普通高等学校"十三五"省级规划教材

中药学实验教学系列教材

药用植物学
显微实验

主　审　王德群　桂双英
主　编　彭华胜
副主编　程铭恩　查良平
编　委　（按姓氏笔画排序）
　　　　方清影（安徽中医药大学）
　　　　刘汉珍（安徽科技学院）
　　　　安凤霞（亳州学院）
　　　　许　燕（新华学院）
　　　　何宝佳（皖南医学院）
　　　　宋向文（皖西学院）
　　　　赵玉姣（安徽中医药大学）
　　　　查良平（安徽中医药大学）
　　　　郭伟娜（亳州职业技术学院）
　　　　彭华胜（安徽中医药大学）
　　　　程铭恩（安徽中医药大学）
　　　　储姗姗（安徽中医药大学）
　　　　谢　晋（安徽医科大学）
　　　　戴　军（皖西学院）

中国科学技术大学出版社

内 容 简 介

　　本书是高等学校中药学类专业教材《药用植物学》的配套实验教材,分为上、下两篇内容。上篇按基础和综合两个层次组织设计:基础部分为植物的细胞、组织、营养器官的构造介绍;综合部分为植物的根、茎、叶的综合性实验介绍。下篇包括显微镜的保养与维护、显微测量法、显微常数的测定、植物显微绘图、徒手制片法、组织离析制片、植物组织化学等内容。为提高学生的自主学习能力和实践能力,在基础实验中增加了拓展实验内容,以供学生利用实验室条件自主开展相关实验。

　　本书可供高等学校中药学类专业的药用植物学显微实验教学使用,也可供从事药用植物显微研究的相关科研人员参考。

图书在版编目(CIP)数据

药用植物学显微实验/彭华胜主编. —合肥:中国科学技术大学出版社,2020.1
(中药学实验教学系列教材)
ISBN 978-7-312-04799-2

Ⅰ.药…　Ⅱ.彭…　Ⅲ.药用植物学—实验—高等学校—教材　Ⅳ.Q949.95-33

中国版本图书馆 CIP 数据核字(2019)第 230338 号

出版	中国科学技术大学出版社
	安徽省合肥市金寨路 96 号,230026
	http://press.ustc.edu.cn
	https://zgkxjsdxcbs.tmall.com
印刷	安徽国文彩印有限公司
发行	中国科学技术大学出版社
经销	全国新华书店
开本	710 mm×1000 mm　1/16
印张	8.75
字数	172 千
版次	2020 年 1 月第 1 版
印次	2020 年 1 月第 1 次印刷
定价	36.00 元

序

中药学是实践特色突出的学科门类，坚持以立德树人为根本任务，"科学思维与中医药思维"并重和"传承有特色、创新有基础、服务有能力"是中药学专业人才培养理念与目标。实验教学是中药学专业人才培养的重要组成部分，是实现教学理论与实践紧密结合，培养学生中医药思维、提升创新意识、提高中药技能和综合运用能力的必要手段和不可或缺的主要环节。

实验教材作为实验教学内容与方法的信息载体，是开展实验教学的基本依据，是深入教学改革和保障教学质量的重要基础，也是教学改革和科研成果的固化。教材建设并不是单项行为，在学科、专业、课程、教材一体化体系中，它是人才培养目标实现的重要支撑；同时，教材具有鲜明的与时俱进的时代性，是不同历史阶段保障"为谁培养人""培养什么人""怎么培养人"的核心教学资源。

当前，中医药高等教育正由规模化向内涵式发展转变，安徽中医药大学在四十载中药学专业人才培养实践中，以立德树人为根本，立足"北华佗，南新安"的中医药辉煌历史和种类丰富的中药资源特色，面向地方中医药产业发展需求，持续不断进行教育教学改革，逐步形成了"能识药、能制药、能用药、能评药、能创药"的五种专业能力培养目标，以及具有创新性的应用型高素质中药人才培养模式，并在省内产生了较为广泛的辐射示范效应。但是，与之相应的、与"专业五能"培养相关的实验教材相对缺乏。

　　因此,本套安徽省规划教材——"中药学实验教学系列教材"的编写具有重要的现实意义。首先,本套系列教材的出版与中药学"专业五能"的培养紧密联系,它囊括了中药学专业核心实验课程教材——《药用植物学显微实验》《中药鉴定学实验》《中药化学实验》《中药药剂学实验》《中药炮制学实验》《生物药剂学与药物动力学实验》,及时满足了新时期"专业五能"实践能力培养的迫切需求;其次,本套系列教材的编写,凝聚了安徽省各高校中药学专业骨干教师的共同智慧和经验,在此过程中各位老师碰撞出了思想火花、凝聚了共识,形成了"老中青"相结合的教学队伍,有力提升了师资队伍水平。最后,本套系列教材强调中药传统技能的传承,培养学生的综合能力与创新思维,融入新的实验方法和技术,为凸显地方特色、培养符合地方实际需求的中药专业人才、巩固安徽中药人才培养改革成果提供有力支撑。

　　故愿应邀作序,祝愿本系列教材成为打造安徽中药学专业实验教学特色的有力抓手!祝愿中药学人才"专业能力"培养能够立足内涵、面向中药产业和行业取得更大的进步,为安徽中药学专业人才的高质量发展做出贡献!

彭代银

2019 年 12 月

前　　言

本书是高等学校中药学类专业教材《药用植物学》的配套实验教材。

全书分为上、下两篇：上篇为药用植物学显微观察实验，下篇为药用植物学实验技术与方法。根据教育部高等学校中药学类专业教学指导委员会颁布的中药学专业要求，设置了综合性实验和拓展实验。为了适应当前教学改革的需要，鼓励学生主动开展实验，上篇将拓展实验内容分散到相应的实验内容中。下篇介绍了显微镜的保养与维护、显微测量法、显微常数的测定、植物显微绘图、徒手制片法、组织离析制片、植物组织化学等内容，以方便学生提前预习和自学。

上篇实验一由亳州职业技术学院郭伟娜编写；实验二由安徽中医药大学程铭恩编写；实验三由新华学院许燕编写；实验四由安徽中医药大学查良平编写；实验五由皖西学院戴军和宋向文编写；实验六由亳州学院安凤霞编写；实验七由安徽医科大学谢晋编写；实验八由皖南医学院何宝佳编写；实验九由安徽科技学院刘汉珍编写。下篇由安徽中医药大学彭华胜、赵玉姣、储姗姗和方清影编写。全书由彭华胜、程铭恩统稿。

在本书编写过程中，我们得到了各编写单位领导的热情鼓励与支持，同时得到了主审王德群教授和桂双英教授的指导和支持。显微图片的拍摄得到了王少君、杨玉玲的支持。药用植物学显微实验领域的研究得到了国家自然科学基金（30901973，81573543，81703633，81773853，81973432）的连续资助，以及国家重点研发计划项目（2017YFC1701600，2017YFC1701601）的支持。在此一并表示感谢！

由于编者水平有限,书中难免有疏漏或欠妥之处,敬请读者提出批评指正。

编　者

2019 年 9 月

目　　录

上篇　药用植物学显微观察实验

下篇　药用植物学实验技术与方法

绪　　论

一、实验室规则

（1）进入实验室的人员，应了解实验室的各项规章制度。

（2）学生应预习有关实验内容，明确实验目的与要求，备好实验用品。提前5～10 min进入实验室，在指定座位就座，做好实验前的准备工作。

（3）严格遵守仪器操作规程，爱护仪器，避免仪器受损，特别是易碎仪器和精密仪器。

（4）注意安全。发生意外事故时，应迅速切断电源、隔离火源，并采取其他有效的安全防护措施。

（5）各种实验材料、试剂应按规定放置，不得随意移动、堆放，以免错拿错用造成事故。公用物品和试剂必须在原处取用。用过的仪器、器皿要立即清理或清洗干净，因为有些试剂附在仪器或器皿上，干后很难清洗。各种试剂和药品用完后要立即塞上瓶塞，以免发生试剂挥发、吸湿、潮解、变质等情况，而且绝对不能"张冠李戴"。没有标签或标签不清楚的试剂不能使用。

（6）节约使用水电、药品和材料。随时保持实验室、仪器设备和实验者（尤其是双手）的卫生，以免弄脏用具和药品。严格按照试剂的配制要求配制试剂。

（7）保持安静，注意卫生。上课时禁止使用手机，禁止吸烟，不准随地吐痰和乱抛杂物，不带零食进入实验室。按照规定丢弃实验废物、废液。

（8）规范操作，用心观察，积极思考，做好记录，按时、独立完成实验报告。

（9）实验结束后，各组清理好自己的用具及桌面，填写使用记录。学生轮流值日，打扫卫生，仔细检查水、电、门窗是否关好，设备、仪器是否关闭，药品和试剂是否盖好和就位等。一切没有问题后，在实验员处登记签字后方可离开实验室。

（10）如发生事故、器材损坏或丢失，当事人应及时报告指导老师和实验室负责人。经指导老师和实验室负责人审查损失情况，由实验中心按照相关规定提出处理意见，损失要按照相关规定赔偿。

二、学生实验守则

（1）预习有关实验内容，明确实验目的与要求，熟悉实验基本内容。

（2）带好自备实验用品，提前几分钟进入实验室，坐在指定座位，积极做好实验前的准备工作。

（3）认真听指导老师讲解，保持实验室安静。手机静音，不接听电话，不玩手机，不随意走动，不喧哗。

（4）规范操作，用心观察，积极思考，做好记录，按时、独立完成实验报告。

（5）实验仪器、用品归放原处，清洁器皿，收拾实验台面，检查仪器是否关闭，填写使用记录。

（6）值日生打扫卫生，仔细检查水、电、门窗是否关好，在实验员处登记签字，经指导老师或实验员批准后方可离开实验室。

三、实验报告的书写

（1）须用指定用纸。

（2）所有文字、绘图均用 2H 铅笔书写和绘制。

（3）实验名称应严格按照老师在课堂上所给出的题目书写。在实验名称的下方要注明班级、学号、姓名和实验日期。

（4）绘图应布局合理、规范。直线用直尺画，修改之处用橡皮擦拭干净。铅笔应削尖。

（5）实验报告经指导老师初审合格后方可上交。如有疑问要主动请教指导老师。

上篇

药用植物学显微观察实验

实验一　植物的细胞、淀粉粒和晶体

实验目的

（1）掌握光学显微镜的使用方法。

（2）掌握植物细胞的基本结构、淀粉粒的结构与类型、晶体的类型。

（3）熟悉光学显微镜的基本构造。

（4）学会水装片和水合氯醛装片制作方法。

仪器与用品

光学显微镜、载玻片、盖玻片、培养皿、镊子、胶头滴管、纱布、解剖针、刀片、吸水纸、拭镜纸、蒸馏水、碘-碘化钾染液。

实验材料

植物细胞：洋葱鳞叶。

淀粉粒：马铃薯块茎、半夏块茎粉末。

草酸钙簇晶：大黄根状茎粉末。

草酸钙针晶：半夏块茎粉末。

草酸钙柱晶：射干根状茎粉末（示教）。

草酸钙方晶：甘草根粉末、黄柏树皮粉末（示教）。

草酸钙砂晶：牛膝根粉末（示教）。

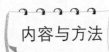

内容与方法

一、光学显微镜的构造及使用

(一) 光学显微镜的构造

普通光学显微镜的构造可以分为机械系统和光学系统两大部分。

1. 机械系统

(1) 镜座。显微镜的底座,支持整个镜体,使显微镜放置稳固,呈马蹄形、长方形或方形等。

(2) 镜柱。镜座上直立的部分,用以连接镜座和镜臂。

(3) 镜臂。连接镜座和镜筒,呈圆弧形,作为移动显微镜时的抓手。

(4) 调节器。位于镜臂两侧,用于调节物镜和标本之间的距离。通过调焦可得到清晰的物像。大的一对为粗调焦螺旋,旋转一圈可使镜筒或载物台上下移动 10 mm 左右;小的一对为细调焦螺旋,旋转一圈可使镜筒或载物台上下移动 0.1 mm。

(5) 载物台。放置玻片标本(载玻片)的平台,呈方形或圆形,中央有一通光孔。台上有压夹和推片器,前者用来固定载玻片,后者用来前后左右移动玻片标本。

(6) 物镜转换器。位于镜筒下端,是一个可以转换不同放大倍数物镜的圆盘。有 3~4 个孔,用于安装不同放大倍数的物镜。

(7) 镜筒。位于镜臂上端的空心圆筒,是光线的通道。镜筒的上端连接目镜,下端连接物镜转换器,长度一般为 160 mm。

2. 光学系统

(1) 光源。目前显微镜多采用内置光源,镜座上面可见凸起的圆形玻璃装置,通常在镜座侧面装有开关和聚光器调节旋钮。

(2) 聚光器。位于载物台的右下方,将光源发出的平行光线聚集成束或成点,以增强光度,为观察提供所需的充足的光量。聚光器可以通过位于载物台下方的聚光器调节旋钮进行上下调节,以获得最适光度。聚光器配有彩虹光圈,通过调节光圈的大小可使通光量与正在使用的物镜倍数相匹配。

(3) 物镜。显微镜中最重要的部分,由许多块透镜组成,其作用是将待检标本放大。分为低倍镜、高倍镜和油浸物镜(使用时,物镜与标本之间滴加香柏油作为介质)三种,物镜放大倍数以及焦距一般刻在物镜外壳上。通常,低倍物镜的放大倍数为 4× 和 10×,高倍物镜为 40×,油浸物镜为 100×。

（4）目镜。安装在镜筒上端,放大倍数通常为 10×,其作用是放大物镜所产生的初级图像,并在视网膜上形成虚像。

（5）反光镜。位于载物台下方,由两个面(凹面和平面)组成。无聚光灯的显微镜在使用低倍物镜时可用平面镜,在使用高倍物镜时用凹面镜。有聚光灯的一般都用平面镜。

（二）光学显微镜的使用方法

1. 取镜和放镜

取镜、放镜时应右手握住镜臂,左手托住镜座,使显微镜保持直立、平稳。

如果显微镜过于倾斜,目镜会从镜筒中滑脱而摔坏。从柜中取出显微镜时,一定要小心,不要使显微镜的目镜碰到显微镜柜中的横梁,以免碰坏显微镜的镜头。

显微镜置于操作员左侧距桌边 6～8 cm 处,右侧放置实验教材、实验报告、绘图工具等。镜检时,姿势要端正。

2. 对光

接通电源,调节物镜转换器,把低倍镜转到中央,对准载物台上的通光孔,然后透过目镜观察,同时调节光的强弱。

3. 低倍镜的使用

观察标本时,应先用低倍镜。低倍镜的视野大,工作距离长,据此容易发现目标,确定观察部位,同时不易损坏物镜。

（1）对光。用拇指和中指转动物镜转换器移动物镜(切忌手持物镜移动),使低倍镜对准镜筒(当听到卡扣的声音时,说明物镜光轴已对准镜筒中心)。打开光圈,上升聚光器,并将反光镜转向光源,用左眼在目镜上观察(右眼睁开),同时调节反光镜方向,直到视野内的光线均匀、明亮为止。

（2）放置玻片标本。取一载玻片放在载物台上,注意使有盖玻片的一面朝上,切不可放反。用推片器压片夹夹住,然后移动载物台,使观察对象处在低倍物镜的正下方,正对镜筒。

（3）调焦。双眼从侧面注视物镜,旋转粗调焦螺旋,使载玻片随载物台上升至距物镜约 5 mm 处。然后双眼注视目镜,同时反方向调节粗调焦螺旋,使载玻片随载物台缓慢下降,直到看见清晰的物像。

注意:① 调焦时,只可通过降载物台来进行,以免误操作而损坏镜头。即一定要在增大工作距离的过程中调节焦距,寻找目标! 这是保证镜头不会碰坏载玻片和损坏镜头的正确操作程序。

② 观察时双眼同时睁开,以减轻眼睛疲劳,便于记录。如果看不到图像,应检

查载玻片是否与镜筒对准,若未对准,移正载玻片后,重复上述操作。

(4) 观察。焦距调好后,缓慢移动载物台,认真观察标本的每个部位,找到合适的目标,仔细观察并记录结果。同时,根据需要对光的强度进行调节,如果视野太亮,可降低光源亮度或降低聚光器,反之增强光源亮度或升高聚光器。

注意:如果低倍镜的镜头与载玻片的距离已经大于 8 mm,但是仍然看不到物像,则表明这一次的观察失败。失败的原因可能是:

① 载玻片与镜筒未对准。可调节推片器将其调到中心(注意移动载玻片的方向与视野物像移动的方向是相反的)。

② 调焦时速度过快,物像出现的一瞬间没有能够捕捉到,错过了合适焦距。说明此次操作失败,应重新操作,切不可心急而盲目地上升载物台。

4. 高倍镜的使用

(1) 在低倍镜下选好目标。先在低倍镜下寻找目标物,从视野的一个拐角按"Z"形开始寻找,找到目标物后,一定要把需要进一步观察的部位调到中心,同时把物像调节到最清晰的程度,再进行高倍镜下的观察。

(2) 转换物镜。当低倍镜下的物像已经清楚时,如果有必要用高倍镜观察,则可轻轻转动物镜转换器将高倍镜移至工作位置。

(3) 补光。用高倍镜观察时,视野变小变暗,需重新调节视野亮度,可通过增强光源亮度、升高聚光器或开大彩虹光圈进行。

(4) 调焦。调节好视野亮度后,不需要再进行调焦,适当进行微调即可使物像清晰(显微镜出厂时,多设计成等高调焦,即由低倍镜换到高倍镜,视野中的模糊物像只需微调即可清晰)。

注意:① 先低倍后高倍。每一次观察都应该先在低倍镜下观察,必要时,再转换到高倍镜下观察。这是因为:第一,低倍镜视野较大,容易看到标本的全貌;第二,在高倍镜下直接观察,由于其工作距离很短(约 0.8 mm),所以非常容易压碎玻片,甚至损伤镜头。

② 在增大工作距离的过程中调节焦距、寻找目标。禁止在减小工作距离的过程中寻找物像,以免物镜将载玻片压坏或损坏物镜的镜头。

③ 载物台上载玻片的拿取,均在低倍镜下进行,防止污染镜头。

④ 标本不加盖玻片时,不能在高倍镜下观察,以免污损高倍镜的镜头。

⑤ 细调焦螺旋只能在 180°范围内转动。

⑥ 要养成两眼同时睁开的习惯,以左眼观察视野,右眼观察绘图。

5. 油镜的使用

(1) 锁定目标。先用低倍镜找到目标,再换成高倍镜将目标移至视野中心。

(2) 滴油。在盖玻片上滴一滴香柏油,调整物镜至最低处,使油接触到物镜。

（3）调焦。用细调焦螺旋将油镜慢慢上移,找到图像最清楚处。

注意:① 切勿大幅度或使劲转动调焦螺旋,避免玻片被压破及物镜受到污染。
② 使用完后应及时以拭镜纸蘸取少量清洁剂拭去物镜上的油迹。

6. 显微镜还原

观察结束后,需还原显微镜。步骤如下:

（1）下降载物台,取下玻片。

（2）转动物镜转换器,将物镜转成"八"字形。

（3）将载物台和聚光器降至最低位置,关闭电源。

（4）用纱布擦净镜体,用拭镜纸擦净镜头,盖上防尘罩。如果需要放回柜中,则右手握住镜臂,左手托起底座,将显微镜放回原处。

（5）如实填写使用登记表。

注意:① 保持清洁,勿染尘埃;酒精或其他药品切勿接触镜头和镜台,如果沾污应立即擦净。当光学系统有灰尘等需擦拭时,要使用特别的、干净的拭镜纸擦净。绝不能用普通纸或手帕擦拭。严禁用手指接触透镜。透镜上有油污时用拭镜纸沾二甲苯擦净。

② 切勿玩弄或拆卸显微镜。不要随意取下目镜,以防止尘土落入。

③ 遇有故障时应立即报告指导老师,不要置之不管或继续使用。

二、临时制片——表面制片

将新鲜的植物材料,如单细胞的薄叶状体或表皮等,放在载玻片上的水滴中,盖上盖玻片,做成临时装片供观察,这种制片方法称为临时制片。表面制片是临时制片的一种常用方法,特别适用于新鲜的叶类、草类药材的临时观察,也可用于一些经处理后的干燥的叶类和草类等药材的制片观察。如气孔器、表皮细胞及表皮上的毛茸等附属物的观察。这种制片方法能保持植物材料的生活状态,而且不受设备等条件限制,操作简单迅速。步骤如下:

（1）擦拭载玻片及盖玻片。

① 载玻片的擦拭。用左手拇指和食指夹住载玻片的边缘,右手用纱布包住载玻片的上下两面,反复轻轻擦拭,用力要轻且均匀,以免擦破载玻片。

② 盖玻片的擦拭。盖玻片很薄,若擦拭方法不对很易弄破。正确的方法是用左手大拇指和食指夹住盖玻片的两边,把纱布折成两层,用右手大拇指和食指夹住,然后把左手夹住的盖玻片插入两层纱布间进行擦拭。擦拭好一部分后,将盖玻片转一下,再进行另一部分的擦拭,直至整个盖玻片擦拭干净为止。由于是用两个手指上下(前后)夹住盖玻片的面进行擦拭的,所以不易压破。如果盖玻片太脏,可将纱布蘸些水或酒精先进行擦拭,再用干纱布擦干。

（2）用吸管滴一滴水于载玻片中央。

（3）取材（洋葱表皮取材）。用刀片在洋葱鳞叶的内表面轻轻划约 5 mm×
5 mm 的小方格，用镊子撕取一小块表皮，迅速将其置于载玻片上的水滴中。注意
将撕开的一面朝下，并小心地用解剖针展平，使其无重叠或皱褶。

（4）加盖玻片。右手持镊子，轻轻夹住盖玻片的一边，使盖玻片另一边接触水
滴边缘，然后慢慢放下盖玻片，将材料覆盖，这样可使盖玻片下的空气逐渐被水挤
掉而不产生气泡。如果水分过多，可用吸水纸从盖玻片的侧面吸去。如果水未充
满盖玻片，可从盖玻片一侧再滴入一滴。合格的制片的盖玻片下的液体要布满盖
玻片，且不溢出或产生气泡。

注意：① 在显微镜下寻找目标物时，从视野的一个拐角按"Z"形依次寻找，在
低倍镜下找到目标物后，再转换至高倍镜下进行观察。

② 载物台上载玻片的取放均在低倍镜下进行，防止污染镜头。

三、植物细胞的观察

比较典型的植物细胞在光学显微镜下可观察到三个部分：① 细胞壁；② 原生
质（细胞壁内生命物质的总称），包括细胞质、细胞核、质体、线粒体、液泡、内质网
等；③ 细胞壁内的非生命物质，包括后含物和一些生理活性物质。其中细胞壁、质
体和液泡是植物细胞区别于动物细胞的三大结构特征。

观察中，需按照正确的方法操作，学会区别气泡与细胞的不同：气泡呈圆形，其
边缘由于折光关系呈黑色。步骤如下：

（1）将制好的临时装片放在低倍镜下观察，可见洋葱表皮细胞形似砖状
（图 1-1-1），排列紧密，无任何细胞间隙。

（2）移动装片，选择几个比较清楚的细胞置于视野的中央，换高倍物镜仔细观
察一个典型植物细胞的构造，识别下列各部分：

① 细胞壁。为植物细胞所特有，包在细胞的原生质外面，透明度较好，因此只
能看到细胞的侧壁，初看时，好像两个相邻细胞只有一层壁，但是调节细调焦螺旋
和彩虹光圈时，就能发现相邻两个细胞间实际上有三层壁，即两侧为相邻两个细胞
的细胞壁，中间是两个细胞的中胶层（胞间层）。壁上具有单纹孔。

② 细胞质。为无色透明的胶状物，紧粘在细胞壁以内，被液泡挤成一薄层，仅
细胞的两端较明显。当缩小光圈使视线变暗时，在细胞质中可以看见一些无色发
亮的小颗粒，即白色体。在黑藻材料中可看到细胞质的流动。在较老的细胞中，细
胞质是一薄层，紧贴细胞壁。

③ 细胞核。为扇圆形的小球体，由更为浓稠的原生质组成。总浸没在细胞质
中，如果有中央大液泡，那么它始终和细胞质一起紧贴着细胞壁。有时只能看到其

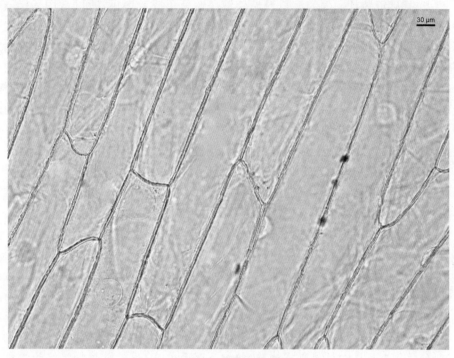

30 μm

图 1-1-1　洋葱表皮细胞

窄面;有时则可看到其宽面,此时可清楚地看到其内有 1～2 个核仁。调节细调焦螺旋(特别是在高倍镜下)就可以区分出细胞核的球形结构和细胞的主体形态。

④ 液泡。有 1 个或几个,位于细胞的中央,里面充满细胞液,比细胞质透明,当细胞液中溶解有色素(花青素)时更容易被观察到。注意在细胞角隅处观察,把光线适当调暗,反复调节细调焦螺旋,一般就能区分出细胞质与液泡间的界面。

按上面要求,观察活细胞之后,从显微镜上取下载玻片,加一滴碘-碘化钾溶液于盖玻片的一侧,用吸水纸于另一侧吸之,使溶液逐渐进入,再次观察,此时的细胞已被杀死,细胞质被染成黄色,细胞核被染成较深的黄色,这样可将细胞的各部分显示得较清晰,细胞腔内没有被染上颜色的较透明部分为液泡。

四、临时制片——粉末制片

粉末制片是将干燥的药材粉碎后,根据不同要求采用不同试剂处理后封片观察的制片方法。常见的装片有稀甘油装片、稀碘液装片和水合氯醛液装片。

(1)稀甘油装片。主要用于鉴定药材粉末中有无淀粉粒及淀粉粒的形态等。制片方法是取少量药材粉末放在载玻片中间,然后滴加 1～2 滴稀甘油,轻轻搅匀,用盖玻片封片后置镜下观察。

（2）稀碘液装片。因为淀粉粒遇碘液呈蓝紫色或蓝黑色，所以常用稀碘液来检测药材粉末中是否有淀粉粒存在。制片方法是取少量药材粉末放在载玻片中间，然后滴加一滴稀碘液，置于显微镜下观察，如果粉末中有淀粉粒存在，则在粉末中将观察到被染成蓝黑色或蓝紫色的淀粉粒。

（3）水合氯醛液装片。水合氯醛液是常用的透化剂，它能将粉末中的淀粉粒、蛋白质、挥发油、树脂等物质溶解，使粉末更清晰易辨。另外，水合氯醛还能快速地透入组织，使干燥的细胞组织膨胀。制片方法是取少量药材粉末放在载玻片中间，然后滴加2～3滴水合氯醛液，轻轻搅匀后于酒精灯上微微加热至将要煮沸，注意不要使火太急，以免烧干。在透化过程中要及时补充水合氯醛液，放冷后滴加1～2滴稀甘油，盖上盖玻片即可。注意盖玻片上方不应有液体等；载玻片下方由于酒精灯加热常有黑烟残存，应将其擦拭干净，否则会影响观察效果。

注意：① 透化时手拿载玻片在火焰上来回移动，不要将载玻片一直放在火焰上烤。

② 热透化后不要立即盖上盖玻片，先冷却，滴加1～2滴稀甘油后再盖上盖玻片，避免盖玻片遇热破碎或产生大量小气泡。

③ 含大量淀粉的药材粉末，其中具鉴别意义的细胞由于大量淀粉粒的存在而不易观察、描绘及摄影等。因此可取一部分粉末于试管中加水煮沸，使淀粉粒糊化而溶解，放置或用离心机使所需细胞、组织下沉至管底，用长吸管将沉淀物吸出供制片观察。

④ 含大量油类的药材粉末可进行脱脂以除去大部分油脂：取少许粉末于小烧杯中，加少许氯仿搅拌并浸渍、过滤，在滤纸上再加少许氯仿洗涤粉末即可。也可直接将粉末置载玻片中央，从载玻片的一端滴加氯仿或乙醚，将此端微微提高，溶液即流入粉末并从另一端流出，据此处理3～4次即可。

⑤ 颜色很深的粉末可进行脱色处理：取粉末少许置小烧杯中或载玻片上，加少许浓度为3％的过氧化氢（双氧水）浸渍数分钟，待粉末颜色变浅时，除去多余液体，加新提取的冷蒸馏水，以除去粉末中的大量气泡。

五、淀粉粒的观察

（一）马铃薯淀粉粒

1. 临时制片

切取马铃薯块茎，用镊子或刀片在切口处刮取少量白色汁液，置于载玻片中央，滴加1～2滴蒸馏水，搅拌均匀，盖上盖玻片，用滤纸擦去多余液体。

2. 显微镜观察

置低倍镜下，寻找淀粉粒分布稀少的部位，并将其移至中央，再换高倍镜仔细观察,在多角形的薄壁细胞中,可见椭圆形、卵形或圆形的大小不等的白色淀粉粒[图 1-1-2(a)]。调节光圈,减弱光强度,可见偏淀粉粒一端有一个中心点,这个中心点即为脐点,围绕脐点有许多明暗相间的层纹,二者即组成了马铃薯单粒淀粉粒。在视野中除了有单粒淀粉粒外,还可见到复粒淀粉粒和半复粒淀粉粒。实验中要注意掌握它们各自的特点。

3. 显色反应

观察后取下玻片,在盖玻片一侧滴入碘溶液,同时在另一侧用吸水纸吸取蒸馏水,使碘溶液逐渐进入盖玻片内,最后再置显微镜下观察,可见淀粉呈蓝紫色[图 1-1-2(b)]。

(二)半夏淀粉粒

1. 临时制片

用牙签或火柴头挑取少许半夏粉末,置于载玻片中央,滴加 1～2 滴蒸馏水,搅拌均匀,盖上盖玻片,用滤纸擦去多余液体。

2. 显微镜观察

先置低倍镜下观察,再换高倍镜。调节光圈,观察脐点。注意观察复粒淀粉粒的特征[图 1-1-3(a)]。

3. 显色反应

加碘液显色[图 1-1-3(b)]。

六、水合氯醛制片

取药材粉末少许,置于滴加有 1～2 滴水合氯醛试剂的载玻片上。在酒精灯上来回移动使其慢慢加热进行透化,注意不要蒸干,可添加新的试剂,并用滤纸吸去已带色的多余试剂,直至材料颜色变浅而透明时,停止处理。加稀甘油 1 滴,盖上盖玻片,拭净其周围的液体,置镜下观察。

七、草酸钙晶体的观察

(一)簇晶

取大黄根状茎粉末少许,用水合氯醛制片,置镜下观察,可见许多大型、形如星状的草酸钙簇晶(图 1-1-4)。

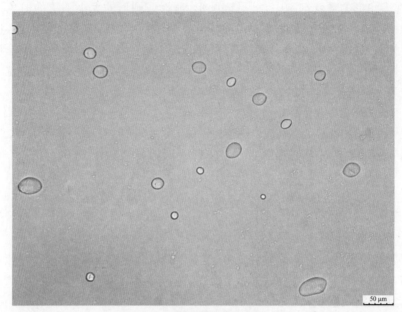

(a) 显微镜观察

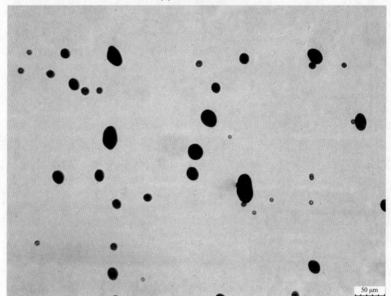

(b) 显色反应观察

图 1-1-2　马铃薯块茎淀粉粒

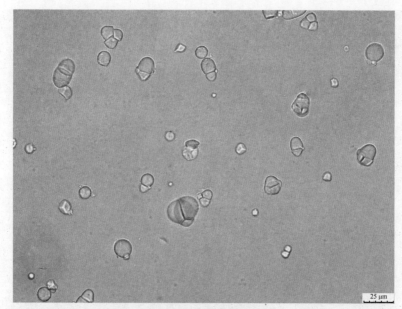

(a) 显微镜观察

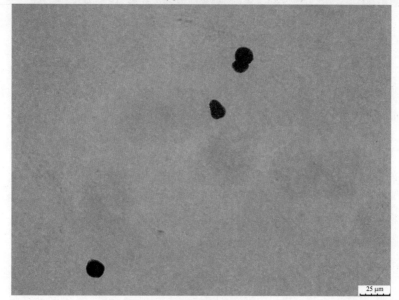

(b) 显色反应观察

图 1-1-3　半夏块茎淀粉粒

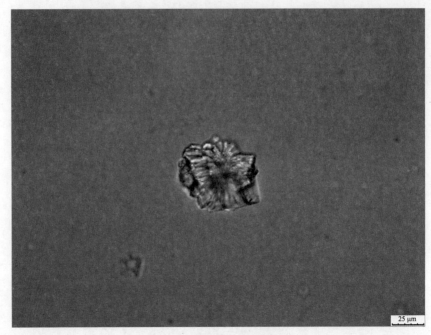

图 1-1-4　大黄的草酸钙簇晶

（二）针晶

取半夏块茎粉末少许，用水合氯醛制片，置镜下观察，可见散布或成束的针状草酸钙晶体（图 1-1-5）。偶尔可见到类圆形黏液细胞中含有排列整齐的针晶束。

（三）方晶

取黄柏树皮粉末或甘草根粉末少许，用水合氯醛制片，置镜下观察，可见一些方形、不规则方形或斜方形等形状的晶体。这些方晶常成行排列于纤维束旁边的薄壁细胞中，这种纤维束外侧包围着许多含有草酸钙方晶（图 1-1-6、图 1-1-7）的薄壁细胞的复合体称为晶鞘纤维。

（四）砂晶（示教）

取牛膝根粉末少许，用水合氯醛制片，置镜下观察，可见类圆形的薄壁细胞中充满了细小三角形或箭头状的草酸钙砂晶（图 1-1-8）。在显微镜下鉴别草酸钙晶体时，其中砂晶是比较难鉴别的一种。因砂晶存在于某些薄壁细胞中，将药材研成粉末后砂晶多分散在药材粉末之中，而且数量很少，故难以与药材粉末区别。

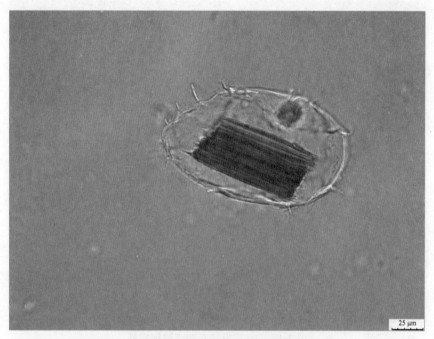

25 μm

图 1-1-5　半夏块茎的草酸钙针晶

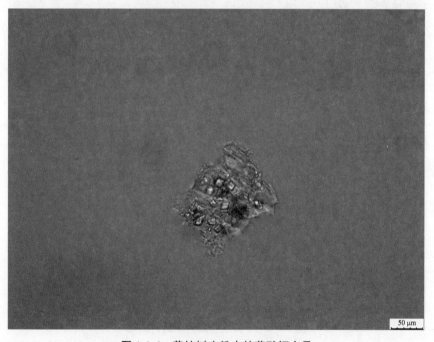

50 μm

图 1-1-6　黄柏树皮粉末的草酸钙方晶

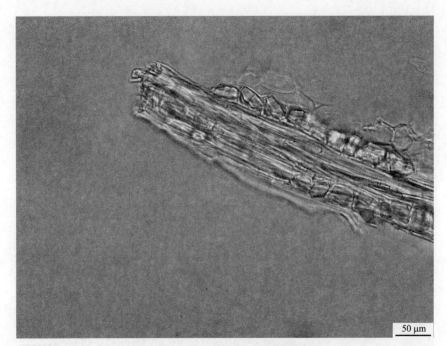

图 1-1-7　甘草根粉末的草酸钙方晶

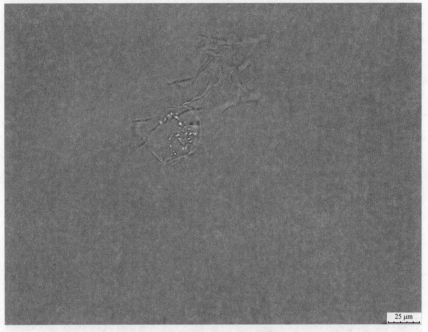

图 1-1-8　牛膝根粉末的草酸钙砂晶

注意：① 砂晶虽然很少，但大小非常均匀；② 砂晶的形状为小的三角形颗粒，立体感较强；③ 在调节微调节器时砂晶常有忽明忽暗的现象，或略比周围粉末明亮。

若将牛膝根制成徒手切片，观察效果好于粉末装片。

(五) 柱晶(示教)

取射干根状茎粉末少许，用水合氯醛制片，置镜下观察，可见棱角分明的长柱形晶体，晶体呈透明状(图 1-1-9)。

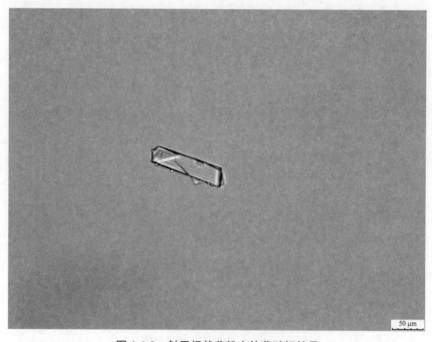

50 μm

图 1-1-9　射干根状茎粉末的草酸钙柱晶

实验报告

(1) 用光学显微镜拍摄不同倍数下洋葱鳞叶表皮细胞，或绘制洋葱鳞叶表皮细胞简图，并注明各部分名称。

(2) 用光学显微镜拍摄马铃薯块茎和半夏块茎淀粉粒，或绘制马铃薯块茎和半夏块茎淀粉粒简图。

(3) 用光学显微镜拍摄半夏块茎、大黄根状茎、黄柏树皮粉末或甘草根粉末中草酸钙晶体，并注明晶体类型，或绘制三种草酸钙晶体简图。

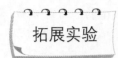

拓展实验

一、质体类型的观察

（一）叶绿体

用镊子撕取新鲜菠菜或青菜叶片下表皮，制成临时装片。置镜下观察，可见叶肉细胞中有很多绿色颗粒，即叶绿体（图 1-1-10）。

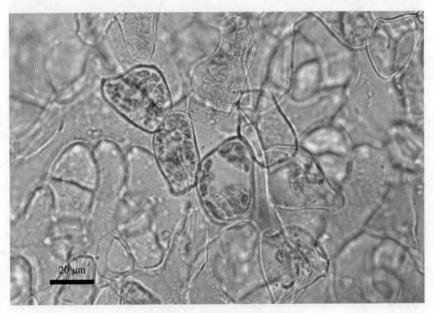

20 μm

图 1-1-10　青菜叶片的叶绿体

（二）红色体

从红辣椒果实上切一小薄片，或取一小块辣椒，用刀片刮去果肉。置载玻片上，滴加一滴蒸馏水，盖上盖玻片，置镜下观察，可见细胞质中有许多红色小颗粒，即红色体（图 1-1-11）。

也可撕取番茄表皮，或挑取少许成熟番茄果肉，制成临时装片。置低倍镜下观察，可见细胞呈圆球形，呈分散状态，细胞中有许多红色小颗粒并分散在细胞质中，即红色体。

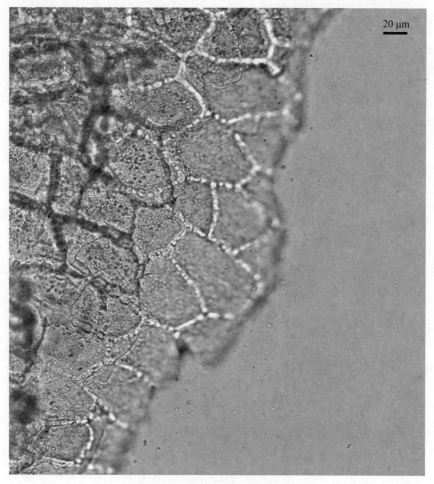

图 1-1-11　红辣椒果实中的红色体

（三）白色体

用临时制片法制作紫鸭跖草叶表皮装片，观察白色体。取紫鸭跖草叶一片，在叶背中脉部分，用镊子撕一小片表皮，制成临时装片，先在低倍镜下观察，找到细胞核，然后用高倍镜观察。在细胞核周围有许多无色的小颗粒，即白色体（图 1-1-12）。

白色体多为近球形，多聚集于细胞核附近。有些白色体在细胞生长过程中积累淀粉，称为造粉体；有些积累蛋白质，称为造蛋白体；有些则参与油脂的形成，称为造油体。

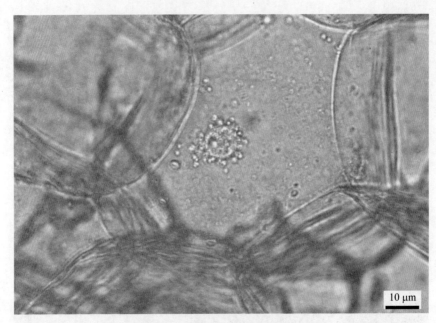

图 1-1-12　紫鸭跖草叶中的白色体

二、碳酸钙晶体的观察

(一) 钟乳体

取印度橡树叶片或无花果叶片,割取一小块,沿断面制作徒手切片,将切下的薄片一一放置在盛水的培养皿中,然后挑选最薄的材料,置于载玻片上,制成临时水装片。置镜下观察,靠近叶面的表皮细胞的大型细胞内有一个葡萄状的结晶体附着在细胞壁增生的棒状物上,悬挂在细胞腔中,即碳酸钙结晶,又称钟乳体(图 1-1-13)。

(二) 螺旋状钟乳体

取穿心莲叶片,经水合氯醛透化后用稀甘油封片,置镜下观察,可见螺旋状的钟乳体(图 1-1-14),其缺少一个棒状的柄,与印度橡胶树叶的钟乳体相区别。因穿心莲叶片略厚,一次透化难以达到看清的效果,故需反复透化几次。

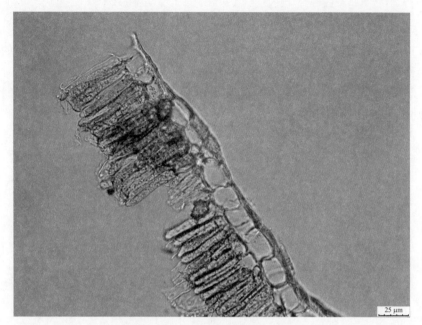

图 1-1-13 无花果叶片中的钟乳体

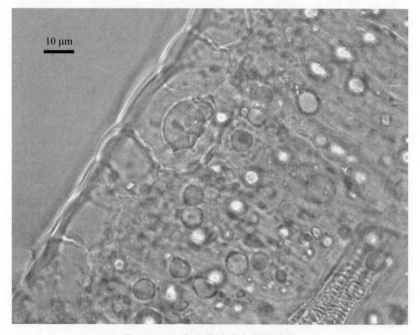

图 1-1-14 穿心莲叶片中的钟乳体

三、草酸钙晶体与碳酸钙晶体的鉴别

（1）取大黄根状茎粉末的装片2片，分别滴加浓度为6％的醋酸和20％的硫酸试液，稍过片刻，置镜下观察。

（2）用已制好的印度橡胶树叶片徒手切片2片，分别滴加浓度为6％的醋酸和20％的硫酸试液，观察其发生的变化。

实验二 植物的保护组织和机械组织

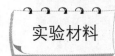

实验目的

（1）掌握表皮细胞及其附属物的特征和气孔的轴式。

（2）熟悉周皮和厚角组织的结构特征。

（3）掌握石细胞和纤维的特征。

（4）了解保护组织和机械组织在植物体中的分布。

仪器与用品

显微镜、镊子、解剖针、刀片、培养皿、载玻片、盖玻片、吸水纸、酒精灯、水合氯醛试剂、稀甘油。

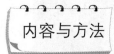

实验材料

叶表皮：蚕豆叶、薄荷叶、白菜叶。

腺毛和非腺毛：金银花。

石细胞：梨。

周皮及皮孔：接骨木茎皮的永久装片（示教）。

纤维：黄柏树皮粉末（示教）。

内容与方法

一、保护组织的观察

植物的保护组织分为表皮和周皮两种类型。

（一）表皮的观察

取蚕豆叶或薄荷叶等，撕取叶片表皮制成水装片，置于镜下观察。可以看到细胞互相紧密相嵌，细胞壁呈波状弯曲。细胞中有时可看到细胞核，一般位于细胞壁边缘，但不含叶绿体。细胞质无色透明。这些不含叶绿体的细胞即为表皮细胞。

1. 气孔器及类型

观察表皮层时可看到一些星散或有规律分布的气孔器（图 1-2-1），选择一个清楚的气孔器做进一步细致观察。双子叶植物的每一个气孔器由两个半月形或哑铃形细胞对合而成，中间有一缝隙，称为气孔，这对半月形细胞称为保卫细胞。与保卫细胞相连的表皮细胞，在大小和排列上常与其他表皮细胞不同，这些细胞称为副卫细胞。在高倍镜下观察，将会看到保卫细胞有较大的细胞核，细胞质较丰富，和其他表皮细胞明显不同的是，保卫细胞具有大量的叶绿体，并且细胞壁薄厚不均，靠近孔隙的细胞壁增厚。另外，因植物种类的不同，会看到有的保卫细胞与表皮细胞在同一平面，而有的保卫细胞则低于表皮细胞等。

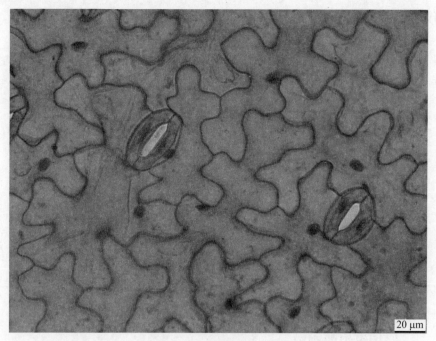

20 μm

图 1-2-1　蚕豆叶表皮的气孔器

（1）直轴式气孔器。撕取薄荷叶下表皮制成表面装片，在镜下可以看到两个半月形保卫细胞和与其相连的两个副卫细胞的长轴垂直（图 1-2-2）。另外，还应注意观察副卫细胞的特征及其与其他的表皮细胞有何不同。

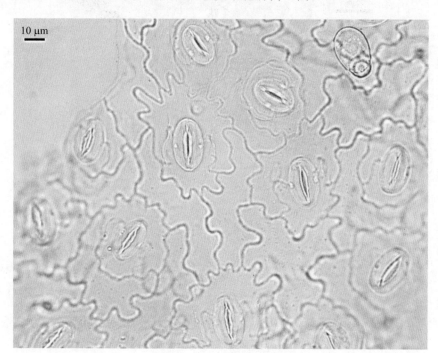

10 μm

图 1-2-2　薄荷叶的气孔器

（2）不等式气孔器。撕取白菜叶片的下表皮制成临时水装片，在镜下可以看到保卫细胞周围有 3~4 个副卫细胞，大小不同，其中一个特别小（图 1-2-3）。

2. 毛茸

毛茸为表皮组织的附属物，对于不同种、不同生态环境、不同生长时期，其有很大的形态变化。根据其是否具有分泌作用将其分为以下两大类：

（1）腺毛。是指可以分泌黏液、树脂、挥发油等物质的茸毛。

用镊子撕取金银花花冠的外表皮，经水合氯醛试剂透化后制片观察，也可直接取金银花粉末制片观察。可看到许多具有多细胞腺头的腺毛（图 1-2-4），有的腺头呈橄榄球状，有的腺头呈三角形状等，腺柄由多个细胞组成。

腺鳞是一种特殊的腺毛，可选取薄荷叶（或唇形科其他植物的叶）的表皮细胞制片观察。所看到的腺鳞的腺头由 8 个分泌细胞呈辐射状排列组成，侧面观察呈扁球形，具明显的角质层；极短的腺柄由单细胞组成；腺鳞周围的表皮细胞多呈放射状排列（图 1-2-5）。

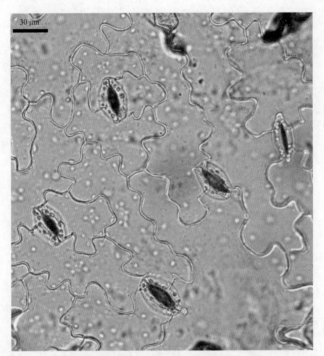

图 1-2-3　白菜叶下表皮的不等式气孔器

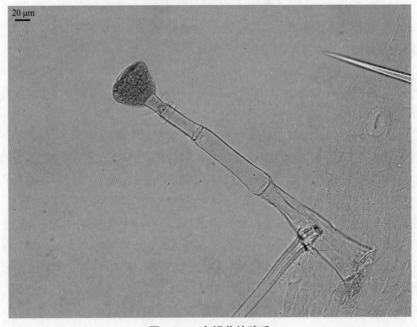

图 1-2-4　金银花的腺毛

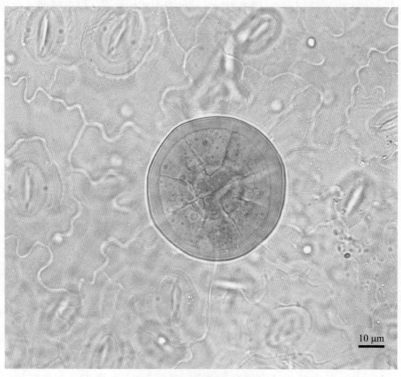

图 1-2-5　薄荷叶的腺鳞

（2）非腺毛。是指没有腺头和腺柄区分，没有腺体，不能分泌物质的毛茸。非腺毛广泛存在于植物体的表面，种类极多，形态变化较大。在以上所观察的金银花、薄荷等植物体的表面都可观察到大量的非腺毛。金银花的非腺毛（图 1-2-6）由单细胞组成，较长，从基部向上逐渐变细，呈牛角状弯曲；薄荷叶表面的非腺毛由多细胞组成，也常呈牛角状弯曲。这些单细胞和多细胞组成的单列非腺毛是较为常见的类型，在多种植物体的表面都可看到。此外，也有多种形态和结构更为复杂的其他类型。

（二）周皮的横切面观察（示教）

许多双子叶植物和裸子植物由于次生生长的作用，表皮组织失去保护作用而由周皮代替。接骨木等木本植物的枝条上有些肉眼可见的栓质化的突起的白色小孔，即为皮孔。

在显微镜下观察接骨木茎横切片。沿茎周有数层扁平的死细胞，即木栓层，位于最外层，是细胞壁木栓化并增厚的特化细胞，在粉末药材鉴定中常作为重要的鉴定特征，细胞壁因栓化呈褐色。木栓层以内紧接有 1～2 层小而扁平的活细胞，即木栓形成层。再往内是数层薄壁细胞,比木栓形成层细胞大,同样是活细胞,称栓内层。

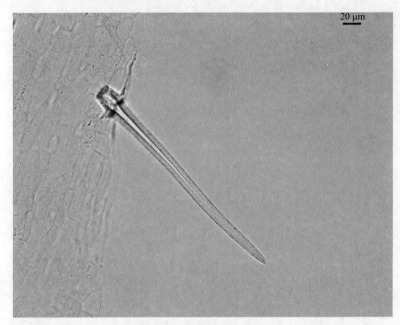

图 1-2-6 金银花的非腺毛

木栓层、木栓形成层和栓内层合称为周皮(图 1-2-7),周皮是次生保护组织。

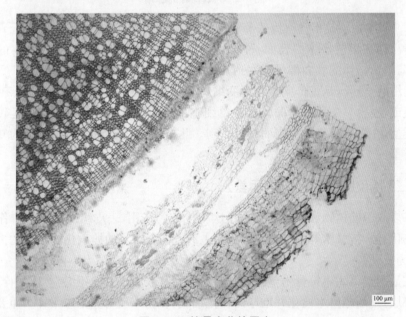

图 1-2-7 接骨木茎的周皮

二、机械组织

机械组织分为厚角组织和厚壁组织。

厚角组织内容参见拓展实验。

厚壁组织细胞的特征是细胞壁为全面显著的木质化增厚，常见层纹和孔纹，成熟的细胞腔小，是无原生质的死亡细胞。根据其形态不同又可分为纤维和石细胞，纤维通常比石细胞长得多，但也有许多中间类型。

（一）石细胞

石细胞广泛分布于植物体内，并有各种各样的形状。石细胞有较厚的次生壁并强烈木质化，有许多单纹孔或分枝的纹孔沟。石细胞形态变化较大，分布又较普遍，常被作为中药鉴定的重要依据。

取新鲜梨肉中"沙粒"少许，置载玻片上。这些"沙粒"就是石细胞群。用镊子的平整端挤压石细胞群，经水合氯醛试剂透化后制片观察，可见石细胞（图 1-2-8）成群或分散存在。梨的石细胞多类圆形，细胞腔和纹孔沟清晰。因为石细胞的细胞壁为木质素增厚，所以也可用间苯三酚和浓硫酸染色后观察。

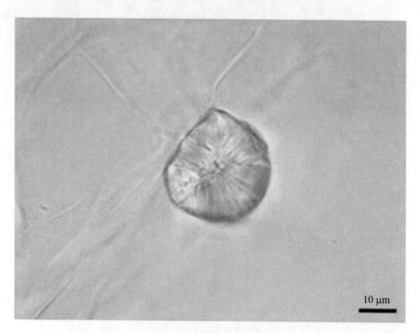

10 μm

图 1-2-8　梨的石细胞

(二) 纤维(示教)

纤维最显著的特征是其呈细长形,细胞壁显著增厚,通常成束存在。

镜下观察到的纤维多成束存在,细胞呈长梭形,两端尖锐,彼此扦插,胞腔狭窄,壁均匀加厚,高倍镜下可见到未增厚的纹孔和纹孔沟。许多纤维束周围的薄壁细胞中含有草酸钙方晶,称为晶鞘纤维[图 1-2-9(a)]。

取少许黄柏树皮粉末于载玻片上,加水合氯醛试剂透化后再加间苯三酚和浓硫酸各一小滴,然后封片置镜下观察。因为黄柏粉末中许多纤维细胞壁均为木质素增厚,所以遇间苯三酚和浓硫酸后都可被染成淡红色或樱红色[图 1-2-9(b)]。

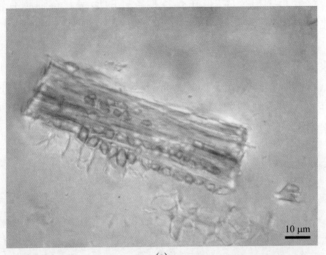

10 μm

(a)

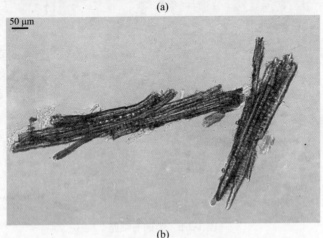

50 μm

(b)

图 1-2-9　黄柏树皮的晶鞘纤维

因为纤维很长，药材在制成粉末的过程中通常被破坏，所以如果要观察一个完整的纤维，测量出纤维的长度，就必须用解离的方法。如将黄柏饮片用试剂预先解离后，再按上述方法进行，也可直接用稀甘油封片观察测量。

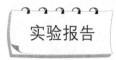

实验报告

（1）拍摄白菜叶和薄荷叶的气孔轴式照片。

（2）拍摄金银花腺毛与非腺毛照片。

（3）拍摄梨的石细胞照片。

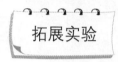

拓展实验

一、各类气孔器观察

在校园里采集多种植物叶片，取下表皮制成表面水装片，观察气孔器类型。如龙葵叶的气孔器（图 1-2-10）。

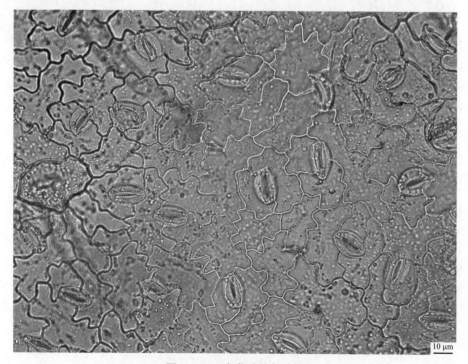

10 μm

图 1-2-10　龙葵叶的气孔器

二、各类毛茸观察

在校园里采集多种植物叶片,撕取表皮细胞或刮取表皮制片,观察毛茸类型。如:

(1) 丁字毛。取茵陈叶片,撕取表皮细胞或刮取表皮制片观察,可看到许多"丁"字形的非腺毛(图 1-2-11),其两臂不等长,壁厚,基部仅有 1~3 个细胞。

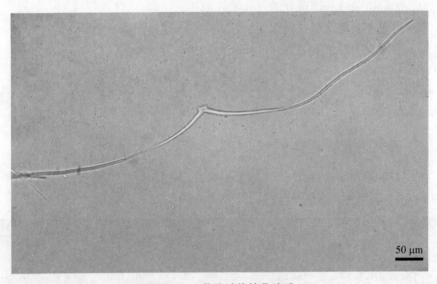

50 μm

图 1-2-11　茵陈叶片的非腺毛

(2) 星状毛。取石韦叶片,用刀片刮取叶背面毛茸,滴加 1 滴蒸馏水制片观察,可见许多放射状或星状非腺毛(图 1-2-12)。

(3) 鳞毛。取胡颓子叶片,用刀片刮取叶表面的银白色毛茸制片观察,由许多小鳞片组成的放射状鳞毛(图 1-2-13)清晰可见。

三、厚角组织

厚角组织存在于植物的幼茎和叶柄内,特别是棱角处更为常见。厚角组织细胞是活细胞,它们的特点是细胞壁不均匀增厚,主要由纤维素组成,具有弹性,硬度不强。根据其增厚的位置不同,可将其分为真厚角组织、片状厚角组织和腔隙厚角组织。

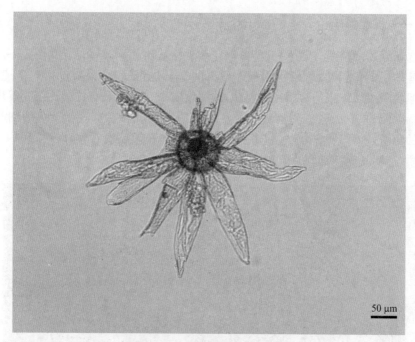

50 μm

图 1-2-12　石韦叶片的非腺毛

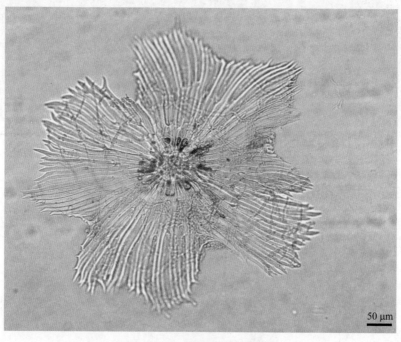

50 μm

图 1-2-13　胡颓子叶片的鳞毛

（一）真厚角组织

取新鲜的薄荷茎（或芹菜叶柄），制作徒手横切片，因其厚角组织（图 1-2-14）分布在茎的 4 个角隅处，所以不用考虑切下的材料是否完整，只要包括一个棱角即可。但要求所切下来的材料一定要薄，透明度要高。将切下的材料放在载玻片上，滴加稀碘液和 66％硫酸，然后封片观察，可见茎的棱角处被染成淡蓝色的细胞壁，细胞的角隅处增厚明显，细胞腔略呈棱形。如用高倍镜认真观察，在细胞内可看到原生质，证明其为活细胞。

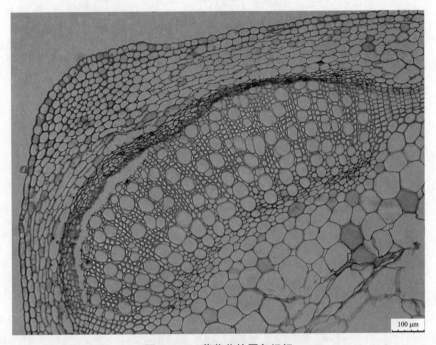

100 μm

图 1-2-14 薄荷茎的厚角组织

（二）片状厚角组织

观察接骨木幼茎的横切永久装片，在皮层薄壁组织中可以看到一些仅在切向壁增厚的细胞，这类细胞称为片状（板状）厚角组织（图 12-2-15）。

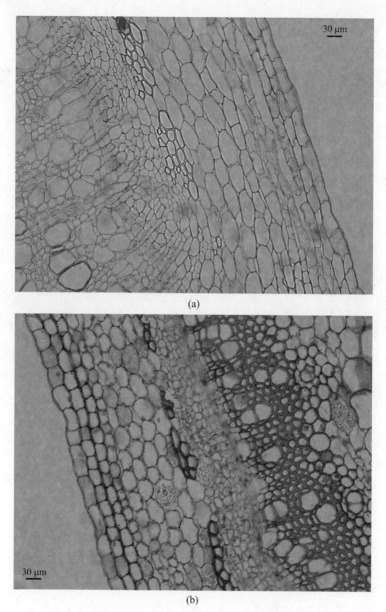

(a)

(b)

图 1-2-15　接骨木幼茎的片状厚角组织

实验三 植物的输导组织和分泌组织

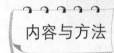

实验目的

(1) 掌握导管与筛管的特征及类型。

(2) 掌握各种分泌结构的形态特征及细胞特征。

(3) 掌握植物徒手切片技术。

(4) 了解各种组织在植物体内的分布及相互关系。

仪器与用品

显微镜、镊子、解剖针、刀片、培养皿、载玻片、盖玻片、吸水纸、酒精灯、水合氯醛试剂、稀甘油。

实验材料

输导组织:新鲜豆芽茎(导管)、南瓜茎(筛管)(示教)、松木茎(管胞、筛胞)(示教)。

分泌组织:生姜根状茎(油细胞)、松木茎(树脂道)、蒲公英根(乳汁管)(示教)、陈皮(分泌腔)(示教)。

内容与方法

一、徒手切片法

首先应该正确地拿住刀片及材料。一般用左手拇指与食指、中指夹住实验材料,拇指应低于食指2~3 mm,以免被刀片割破。材料要伸出食指外2~3 mm,左手拿材料的松紧要适度,右手平稳地拿住刀片并与材料垂直。然后,在材料的切面上均匀地滴上清水,以保持材料湿润。将刀口向内对着材料,并使刀片与材料切口基本上保持平行,从刀口下方起,斜着向后拉切。此时,左手的食指一侧应抵住刀片的背面,保持刀片始终平直。连续切下数片后,将刀片放在培养皿的水中稍一晃动,切片即可漂浮于水中。如果材料太软,可用胡萝卜或泡沫夹住再切。当切到一定数量后,可在培养皿内挑选透明的薄片,根据需要加水、稀甘油或其他试剂封片,用低倍镜观察。好的切片应该是薄且比较透明、组织结构完整的,否则要重新进行切片。徒手切片操作步骤如图 1-3-1 所示。

注意:切时要用臂力(不要用手的腕力)向自身方向拉切,并且不要太用力,否则不易切薄;不能用刀片挤压材料,或以刀片来回拉割材料。

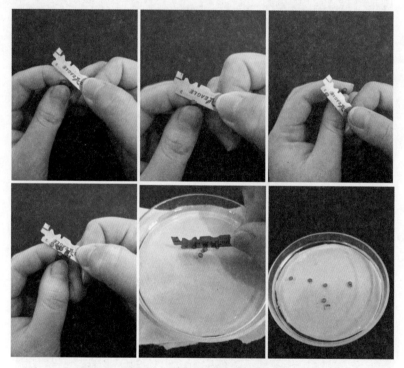

图 1-3-1　徒手切片操作步骤

二、输导组织的观察

(一)豆芽茎中导管的观察

在新鲜黄豆芽茎的中部和上部(或下部)各取一段长约 1 cm 的茎,把茎前、后两侧形成层以外的部分切掉,然后把剩下的部分切两半,使豆芽茎足够薄。把切好的豆芽茎置于载玻片上,再用另一个载玻片盖住,挤压两片载玻片,用手轻轻一推,拿掉一片载玻片(或用镊子柄部将豆芽茎压扁平),然后用水合氯醛试剂透化制片,置显微镜下观察,可看到呈螺旋状增厚的螺纹导管、呈环状增厚的环纹导管以及不规则排列的孔纹导管(图 1-3-2～图 1-3-4)。

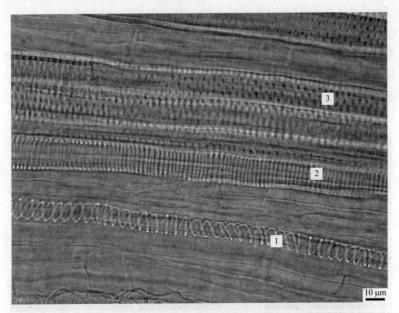

图 1-3-2　黄豆芽茎中的螺纹导管(1)、梯纹导管(2)、孔纹导管(3)

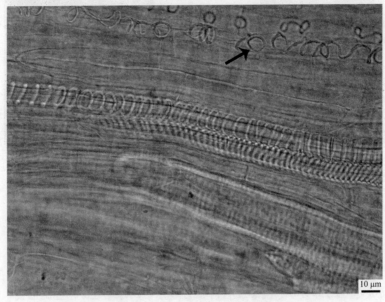

图 1-3-3　黄豆芽茎中的环纹导管

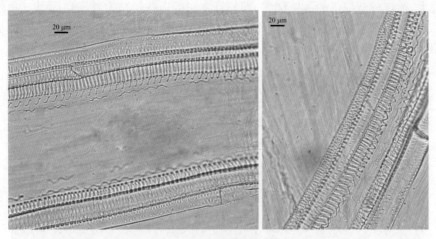

图 1-3-4　绿豆芽中的导管

（二）南瓜茎筛管与导管的观察

观察南瓜茎纵切装片，可观察到圆筒形的筛管细胞，横壁上有筛孔和筛板，其旁伴有较小的细胞，称为伴胞（图 1-3-5）。

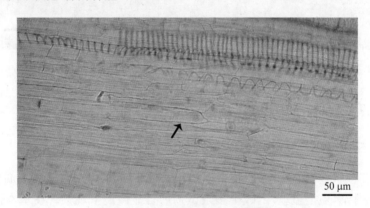

图 1-3-5　南瓜茎纵切面（示筛管）

置低倍镜下观察，找出被染成红色的木质部导管，在导管的内、外两侧均有被染成绿色的韧皮部（南瓜茎为双韧维管束）。把韧皮部移至视野中央，可见筛管由许多管状细胞组成。然后换高倍镜观察，两个筛管细胞连接的端部稍有膨大。染色较深处是筛管所在位置，其细胞质常收缩成一束与细胞分离的侧壁，两端较宽、中间较窄。在筛管侧面紧贴着一列染色较深的、具有明显细胞核的细长薄壁细胞，即伴胞。

取南瓜茎横切永久装片，置低倍镜下，移动载玻片，在韧皮部中寻找多边形口径较大、被染成蓝绿色的薄壁细胞，即筛管。它旁边往往贴生着横切面呈三角形或半月形、具有细胞核、着色较深的小型细胞，即伴胞。然后再找出正好切在筛板处的筛管，转高倍镜观察（注意筛板结构有什么特点）。如图 1-3-6 所示。

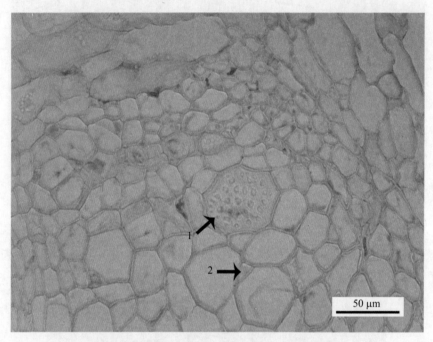

图 1-3-6　南瓜茎横切面[示筛管(1)、伴胞(2)]

三、分泌组织的观察

(一)生姜根状茎中油细胞的观察

取生姜根状茎做徒手切片，将所得切片置载玻片上，经水合氯醛试剂稍加透化后，滴加稀甘油，盖上盖玻片，吸干多余试剂后置显微镜下观察。在基本薄壁组织中可以看到一些体积较大、颜色金黄的类圆形细胞，与其他的薄壁细胞明显不同，这就是油细胞(图 1-3-7)。

(二)松木茎中树脂道的观察

取松木茎的横切永久装片观察，可看到许多由一层分泌细胞(上皮细胞)围成的腔隙，有时还有树脂存在，即树脂道(图 1-3-8)。树脂道的上皮细胞较小，细胞质浓，排列整齐。

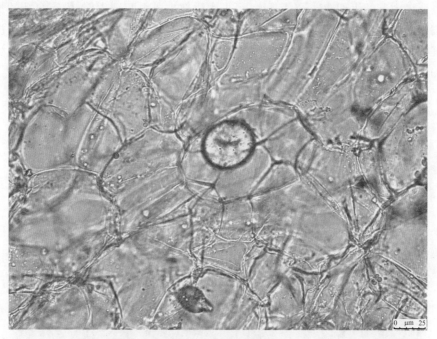

图 1-3-7　生姜油细胞

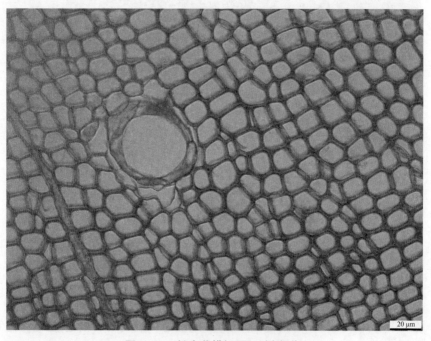

图 1-3-8　松木茎横切面(示树脂道)

　　取松木茎的纵切永久装片观察,可见木质部主要由两端尖斜、没有穿孔的长管状细胞组成,这些细胞就是管胞。管胞彼此扦插且紧密排列,壁较厚,木质化,被染成红色。管胞壁上有许多具缘纹孔,在高倍镜下可见到 3 个同心圆,其外圆是纹孔腔的边缘,内圆是纹孔的边缘,中间圆则是纹孔塞的边缘。如图 1-3-9 所示。

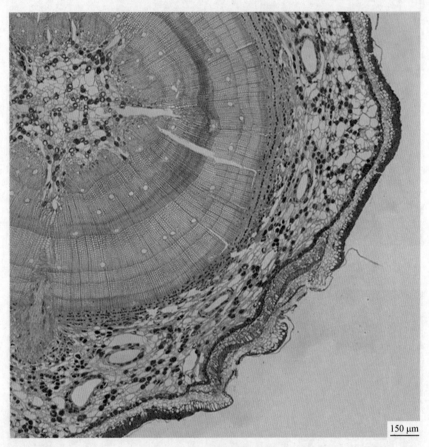

150 μm

图 1-3-9　松木茎横切面

(三) 蒲公英根乳汁管的观察(示教)

　　乳汁管由一个或多个具细长分枝的独特细胞形成。蒲公英根装片中可见清楚完整的分枝状乳汁管,并可见乳汁管内大量的分泌物(图 1-3-11)。

(四) 陈皮分泌腔的观察

　　陈皮中有许多大小不等的椭圆形腔室,周围是一些残破的细胞壁,制片过程中经试剂处理后分泌物基本不存在了(图 1-3-12)。

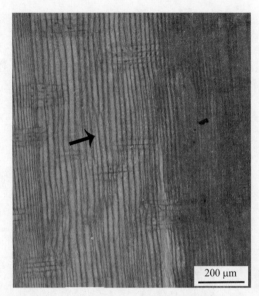

图 1-3-10　松木茎纵切面(示管胞)

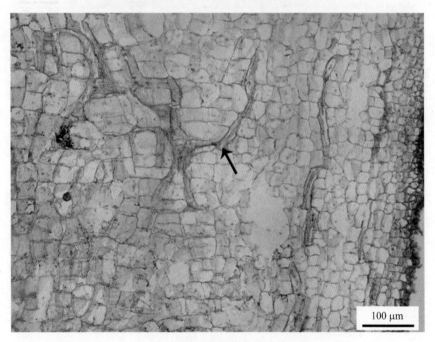

图 1-3-11　蒲公英的乳汁管

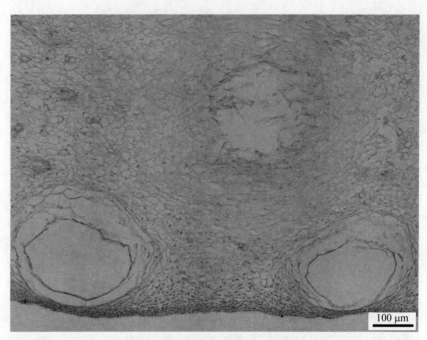

图 1-3-12　陈皮横切面(示分泌腔)

实验报告

(1) 拍摄豆芽茎中的螺纹导管和环纹导管。

(2) 拍摄生姜根状茎中的油细胞。

(3) 拍摄松木茎横切面中的树脂道。

实验四　根的初生构造

实验目的

(1) 掌握双子叶植物根和单子叶植物根的初生构造。

(2) 掌握简图绘制方法。

(3) 了解药用植物石蜡永久装片的特点。

仪器与用品

显微镜、2H 铅笔、直尺、橡皮、小刀等。

实验材料

双子叶植物根：毛茛科植物毛茛的根（石蜡装片）。

单子叶植物根：百部科植物直立百部的根（石蜡装片）、百合科植物麦冬的根（徒手制片）。

内容与方法

一、双子叶植物根的初生构造

观察毛茛根的横切永久装片。先用肉眼透光观察根的切片特征，包括面积大小、颜色以及可以观察到的内部特征；然后用低倍镜进行整体观察；最后再用高倍镜由外向内依次观察，注意每个部位细胞的特征。

(1) 表皮。为最外一层细胞，排列整齐紧密，细胞壁薄，在切片上可观察到有些表皮细胞向外突出形成根毛。

(2) 皮层。在表皮内，占根的大部分，为大型薄壁细胞，细胞间隙发达，可分

3 层：

① 外皮层。为紧靠表皮的一层细胞,排列整齐紧密,无细胞间隙,细胞较小。

② 中皮层。为外皮层以内的多层薄壁细胞,细胞大,具有明显的细胞间隙。

③ 内皮层。位于皮层的最内层,由一层呈切向延长的椭圆形细胞构成,可见内皮层细胞的径向壁增厚被染成红色,即凯氏点。

（3）维管柱。指内皮层以内所有的组织,在根的初生构造（图 1-4-1、图 1-4-2）中通常只占很小的部分,包括以下 3 个部分：

① 中柱鞘。为紧接内皮层里面的一层薄壁细胞,排列整齐而紧密。中柱鞘细胞可转变成具有分生能力的细胞,侧根、不定根、不定芽、木栓形成层和维管形成层的一部分由中柱鞘分生。

② 初生木质部。毛茛的初生木质部分为四束,为四原型,横切面上看呈星角状,被染成红色。原生木质部位于星角状结构的外面,导管直径较小,后生木质部位于里面,导管直径较大,两者无明显界限。初生木质部的分生为外始式。

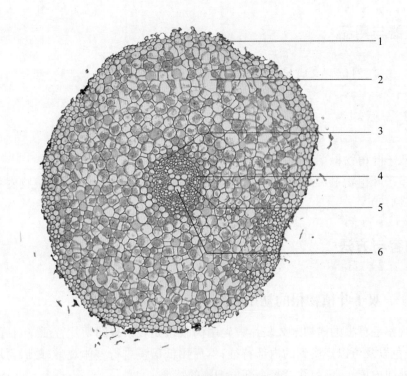

图 1-4-1　毛茛根的初生构造
1. 表皮；2. 中皮层；3. 内皮层；4. 中柱鞘；5. 初生韧皮部；6. 初生木质部

③ 初生韧皮部。初生韧皮部分为四束,位于初生木质部之间,被染成绿色,与

初生木质部相间排列(这样的维管束称为辐射型维管束)。初生韧皮部的分生亦为外始式。在初生木质部与初生韧皮部之间有几层薄壁细胞,较大,壁薄。

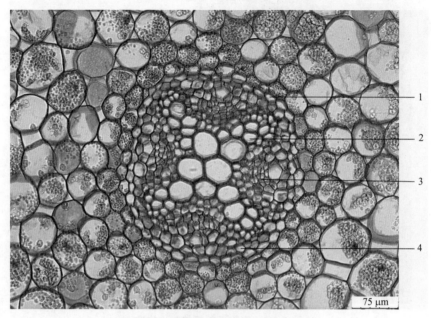

75 μm

图 1-4-2　毛茛根的初生构造(局部放大)
1. 内皮层;2. 初生木质部;3. 初生韧皮部;4. 中柱鞘

二、单子叶植物根的初生构造的观察

观察直立百部根的横切片。先用肉眼透光观察切片特征,包括面积大小、颜色以及其他可以观察到的内部特征;然后在低倍镜下观察其大体轮廓;最后再转换高倍镜由外向内依次观察。

(1)根被。由3～4列细胞组成,排列紧密、整齐,细胞壁略呈波状,木栓化或木质化,常被染成棕红色。

(2)皮层。宽广,由薄壁细胞组成。内皮层明显,可见凯氏点。

(3)维管柱。位于中央,占根的初生构造(图1-4-3至图1-4-5)的一小部分,包括中柱鞘、初生木质部、初生韧皮部和髓。

(4)中柱鞘。位于内皮层内侧的1～2层薄壁细胞,细胞大小与内皮层相似,有时不易区分,为维管柱的最外层细胞。

(5)初生木质部和初生韧皮部。各19～27个,相间排列成辐射维管束。初生韧皮部内侧有单个或2～3个成束的非木化纤维;初生木质部导管呈类多角形,偶有单个或2～3个并列的导管分布于髓部外缘,呈二轮列状。

（6）髓。位于维管束中心,散有单个或 2～3 个成束的细小纤维。

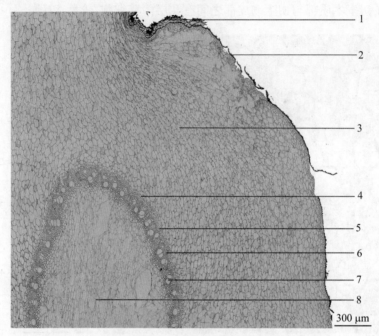

图 1-4-3　直立百部根的初生构造

1. 根被;2. 外皮层;3. 中皮层;4. 内皮层;5. 中柱鞘;6. 初生韧皮部;7. 初生木质部;8. 髓

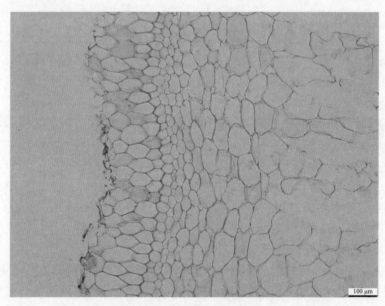

图 1-4-4　直立百部根的初生构造(局部放大,示根被)

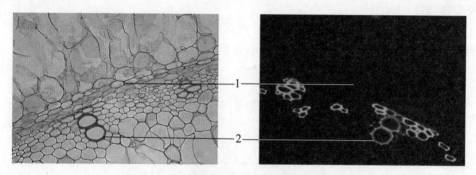

图 1-4-5　直立百部根的初生构造(局部放大)

1. 凯氏点；2. 导管

实验报告

（1）绘制毛茛根的初生构造横切面简图，并注明各部分的名称。

（2）绘制直立百部根的初生构造横切面简图，并注明各部分的名称。

注意事项

（1）注重科学性，所绘的简图一定要真实地反映所观察到的内容，一般不宜做任何的艺术加工，不可涂阴影。

（2）根据实验要求和观察内容，选择典型的、特征明显的部位绘图。

（3）原则上，线条应徒手绘制，不可使用直尺、曲线板等工具，线条应均匀圆润，颜色深浅一致，每根线条都不可重复涂绘，连接处应注意不重叠。绘制草图的铅笔尖要经常削磨，保持其顶端尖细。

（4）显微简图绘好后，应正确标注。将需要标明的部位或特征用直尺画出引线，一般在图的右边注字。

拓展实验

取新鲜单子叶植物麦冬（或麦冬药材）或鸢尾根，徒手切片，观察麦冬或鸢尾根的初生构造（图 1-4-6～图 1-4-9）。

（1）根被。由 2～5 列轻微木栓化的细胞组成。

（2）皮层。宽广，由大型长椭圆形薄壁细胞组成，有的细胞含黏液质和草酸钙针晶束。内皮层外侧为 1 列石细胞，其内壁和侧壁增厚。内皮层细胞较扁小，细胞壁全面增厚、木化。

（3）维管柱。较小，中柱鞘为1～2列薄壁细胞，维管束呈辐射形，其中韧皮部为16～22个，分别位于木质部的星角间，木质部由木化组织连接成环，髓小。

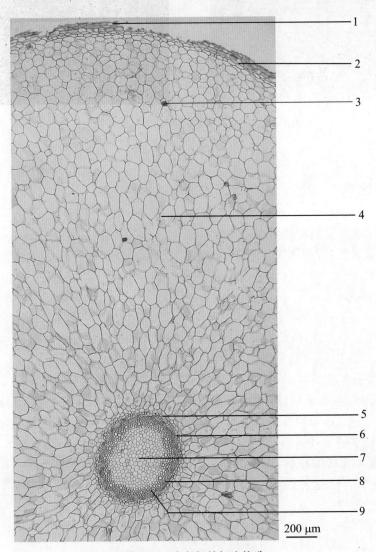

200 μm

图 1-4-6　麦冬根的初生构造

1. 根被；2. 外皮层；3. 针晶束；4. 中皮层；5. 内皮层；

6. 中柱鞘；7. 髓；8. 初生韧皮部；9. 初生木质部

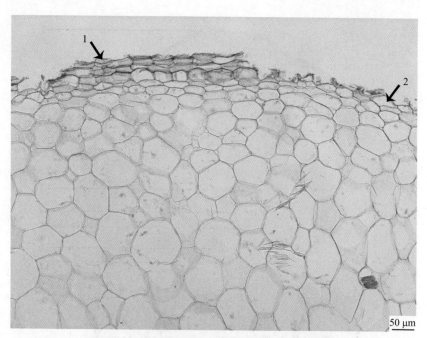

图 1-4-7　麦冬根的初生构造[示根被(1)及皮层(2)]

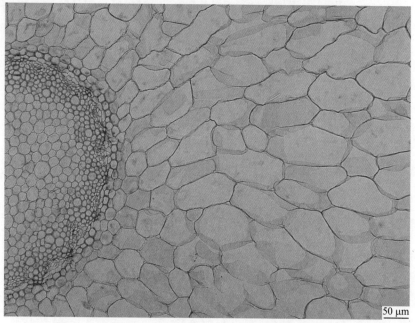

图 1-4-8　麦冬根的初生构造(示维管柱)

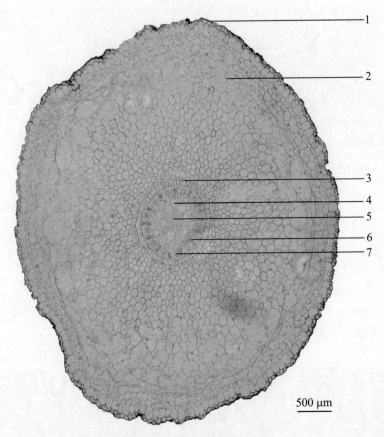

1 —

2 —

3 —

4 —

5 —

6 —

7 —

500 μm

图 1-4-9　鸢尾根的初生构造

1. 根被；2. 中皮层；3. 内皮层(示马蹄形加厚)；4. 后生木质部；

5. 髓；6. 原生木质部；7. 初生韧皮部

实验五　根的次生构造和异常构造

实验目的

（1）掌握双子叶植物根的次生构造和异常构造的特点。

（2）熟悉双子叶植物根的异常构造的类型。

仪器与用品

显微镜、镊子、刀片、2H 铅笔、橡皮、直尺等。

实验材料

双子叶植物根的次生构造：伞形科植物关防风的根（石蜡切片）。

双子叶植物根的异常构造：苋科植物怀牛膝的根（石蜡切片）、蓼科植物何首乌的块根（石蜡切片）（示教）。

内容与方法

一、双子叶植物的次生构造

取关防风根横切永久装片，先在低倍镜下进行整体观察，再在高倍镜下由外向内仔细观察，注意每个部位的特征，并绘制出结构简图。

（1）周皮。位于根最外方，在横切面上呈扁方形，径向壁排列整齐，常被染成棕红色，几层木栓细胞即为木栓层。在木栓层内方，有一层被固绿染成蓝绿色的扁方形的薄壁活细胞，细胞质较浓，即木栓层形成层。在木栓形成层的内侧有 1～2 层较大的薄壁细胞，即栓内层。

（2）次生韧皮部。位于初生韧皮部内侧被固绿染成蓝绿色的部分，由筛管、伴胞、韧皮薄壁细胞和韧皮纤维组成，还含有较多的分泌道。其中细胞口径较大、呈多角形的结构为筛管；细胞口径较小、位于筛管的侧壁、呈三角形或长方形的结构为伴胞；韧皮薄壁细胞较大，在横切面上与筛管形态相似，常不易区分；细胞壁薄、被染成淡红色的结构为韧皮纤维。此外，还有许多薄壁细胞在径向上排列成行，呈放射状的倒三角形，为韧皮射线。

（3）维管形成层。位于次生韧皮部和次生木质部之间，是由一层扁长形的薄壁细胞组成的圆环，被染成浅绿色，有时可观察到细胞核。

（4）次生木质部。位于形成层以内，在关防风根横切面上占较大比例。被番红染成红色的部分是次生木质部，它由导管、管胞、木薄壁细胞和木纤维细胞组成。其中口径较大、呈圆形或近圆形、增厚的木质化次生壁被染成红色的死细胞为导管。此外，还有许多被染成绿色的木薄壁细胞夹在其中。呈放射状排列整齐的薄壁细胞为木射线。木射线与韧皮射线是相通的，可合称为维管射线。

（5）初生木质部。次生木质部的内方、根的中心部位为初生木质部。其导管口径细小，呈类圆形。

关防风根的次生构造如图 1-5-1～图 1-5-4 所示。

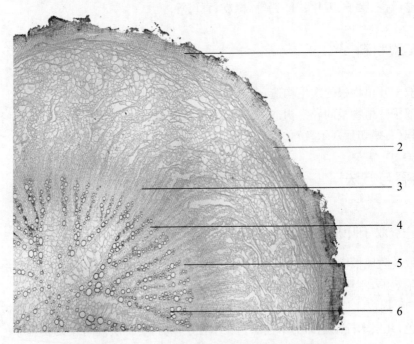

图 1-5-1　关防风（未开花植株）根的次生构造
1. 周皮；2. 分泌道；3. 次生韧皮部；4. 射线；5. 形成层；6. 次生木质部

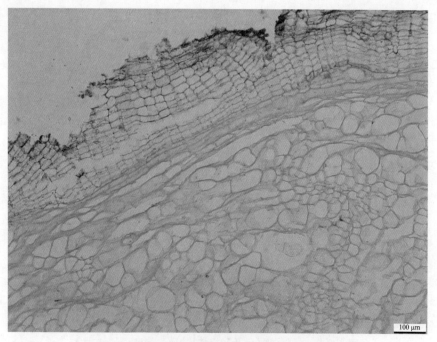

图 1-5-2　关防风(未开花植株)根的次生构造(局部放大)

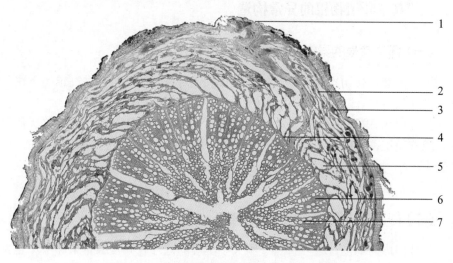

图 1-5-3　关防风(已开花植株)根的次生构造
1. 周皮;2. 次生韧皮部;3. 分泌道;4. 形成层;5. 裂隙;6. 射线;7. 次生木质部

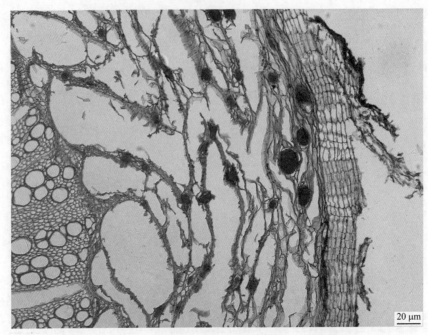

图 1-5-4　关防风根(已开花植株)的次生构造(局部放大)

二、双子叶植物根的异常构造

(一) 怀牛膝根的异常构造

取怀牛膝根横切永久装片,先在低倍镜下进行整体观察,再在高倍镜下由外向内依次仔细观察,注意每个部位的特征,并绘制出结构简图。

最外层为木栓层(周皮),木栓细胞 4～8 列,扁平,木栓层以内为数层薄壁细胞。维管组织占根的大部分,分布有多数异型维管束,断续排列成 2～4 轮。外轮维管束较小,异常形成层几乎连接成环;内轮的异型维管束较大,均为外韧型。根中央为正常维管束,初生木质部常为二原型。如图 1-5-5、图 1-5-6 所示。

(二) 何首乌块根的异常构造(示教)

从外向内为周皮、薄壁组织、一圈大小不等的圆环状异常维管束和中央正常维管束。形成层呈环状。异常维管束多为复合型,少数为单个维管束,均为外韧型。根中央为大型正常维管束,亦为外韧型。中心部分为初生木质部。如图 1-5-7、图 1-5-8 所示。

1
2
3
4
5

500 μm

图 1-5-5 怀牛膝根的异常构造
1. 周皮；2. 皮层；3. 异常维管束；4. 根迹维管束；5. 正常维管束

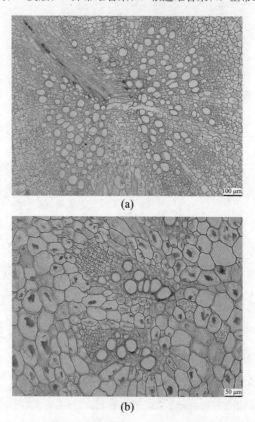

(a)

(b)

图 1-5-6 怀牛膝根的正常维管束(a)与异常维管束(b)(局部放大)

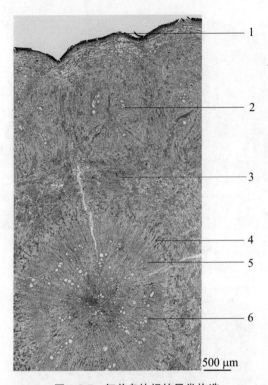

500 μm

图 1-5-7 何首乌块根的异常构造

1. 周皮；2. 异常维管束；3. 薄壁组织；4. 次生韧皮部；5. 形成层；6. 次生木质部

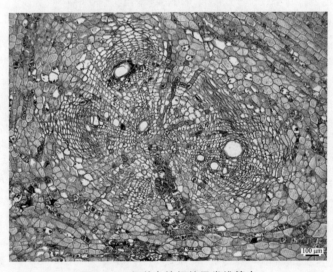

100 μm

图 1-5-8 何首乌块根的异常维管束

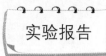

实验报告

（1）绘制关防风根的次生构造横切面简图，并注明各部分的结构名称。

（2）绘制怀牛膝根的异常结构横切面简图，并注明各部分的结构名称。

拓展实验

取新鲜桔梗、前胡（未开花）等药用植物的根，徒手切片，观察根的横切装片。

（1）桔梗。木栓细胞有时残存，不去外皮者有栓皮层，木栓细胞中偶见草酸钙小方晶；栓内层狭窄；次生韧皮部宽广，外侧常有较大裂隙，乳汁管成群散在，乳汁管壁略厚；形成层呈环状；次生木质部导管单个散在或数个成群，呈放射状排列。如图1-5-9所示。

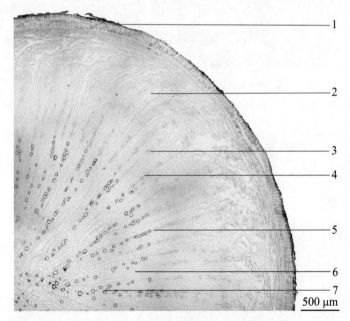

图1-5-9 桔梗根的次生构造

1. 周皮；2. 裂隙；3. 乳汁管；4. 次生韧皮部；5. 形成层；6. 射线；7. 次生木质部

（2）前胡。有木栓层；皮层狭窄；薄壁细胞内含有淀粉粒；分泌道众多，分布于皮层与次生韧皮部；次生韧皮部宽广；射线明显且较宽；形成层呈环状。如图1-5-10～图1-5-14所示。

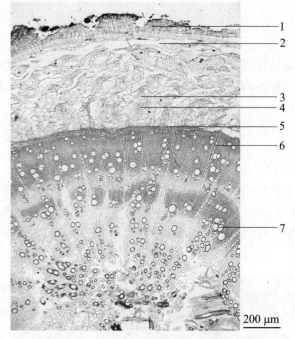

图 1-5-10 前胡(开花植株)根的次生构造

1. 周皮；2. 裂隙；3. 分泌道；4. 次生韧皮部；5. 形成层；6. 射线；7. 次生木质部

图 1-5-11 前胡(开花植株)根的次生构造(示次生木质部)

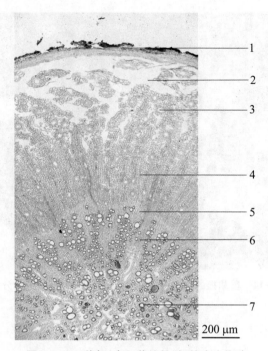

图 1-5-12　前胡(未开花植株)根的次生构造
1. 周皮；2. 裂隙；3. 分泌道；4. 次生韧皮部；5. 形成层；6. 射线；7. 次生木质部

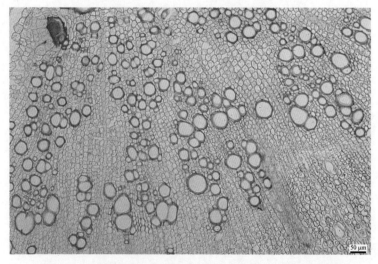

图 1-5-13　前胡(未开花植株)根的次生构造(示次生木质部)

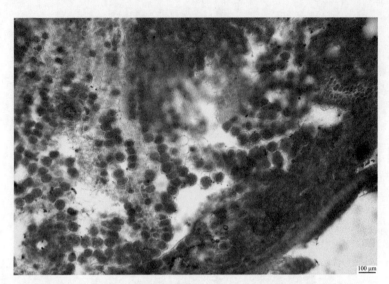

图 1-5-14　前胡根的次生构造(徒手切片,苏丹 3 染色,示分泌道)

实验六　茎的初生构造

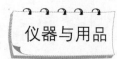

实验目的

（1）掌握双子叶植物茎的初生构造。
（2）掌握单子叶植物茎的初生构造。

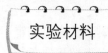

仪器与用品

显微镜、镊子、刀片、2H 铅笔、橡皮、直尺等。

实验材料

双子叶植物茎的初生构造：菊科植物向日葵的幼茎（石蜡切片）。
单子叶植物茎的初生构造：禾本科植物玉米的茎（石蜡切片）。

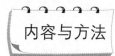

内容与方法

一、双子叶植物茎的初生构造

双子叶植物茎的初生构造包括表皮、皮层和维管柱 3 个部分。

取向日葵幼茎的横切永久装片，置显微镜下自外向内依次观察。详细观察下列各部分：

（1）表皮。细胞较小，为一层长方形或方形、扁平、排列整齐而紧密的活细胞，一般不含叶绿体。细胞外壁可见角质层，属初生保护组织。有的表皮细胞分化成表皮毛，有单细胞的或多细胞的，有的具有气孔、毛茸、角质层或其他附属物。表皮细胞的外壁比较厚，通常角质化成角质层，有的还有蜡质层。用高倍镜观察幼茎表皮气孔的保卫细胞，可见这种细胞的横切面比一般的表皮细胞小，还可见 2 个保卫细胞之间的孔缝,其内的腔隙是孔下室。

(2) 皮层。是表皮以内维管柱以外的部分。皮层细胞大、壁薄,常呈多边形、圆形或椭圆形,排列疏松,具有细胞间隙。这部分细胞是由基本分生组织分化而来的,和根比较所占比例很小。靠近表皮的细胞常含有叶绿体(所以幼嫩茎呈绿色)且常具有几层细胞比较小的厚角组织,在角隅处稍有加厚,在棱角处厚角组织的层次更多,起到支持幼茎和加强茎的韧性的作用;其内是数层薄壁组织,其中有小型的分泌腔。皮层的最内一层,也就是内皮层细胞中常贮有丰富的淀粉粒,称淀粉鞘(但在永久制片中看不清楚);有的植物皮层中含有纤维、石细胞或分泌细胞,与根的初生构造不同的是,茎的皮层不存在明显的内皮层。

(3) 维管柱。比较发达,所占比例较大,可以分为初生维管束、髓射线和髓3个部分。

① 初生维管束。多呈束状,染色较深,很易识别,在横切面上排成一环,是复合组织。它的韧皮部在木质部的外方,是外韧维管束,由于存在束中形成层,所以也叫无限维管束或开放维管束。每一维管束都由初生韧皮部、束中形成层和初生木质部组成,都是由原形成层发展来的。

初生韧皮部:包括原生韧皮部和后生韧皮部,在发育过程中自外向内成熟,故称为外始式。在维管束的最外方,还有原生韧皮纤维(也有人称之为"中柱鞘纤维")。在其内方才是筛管、伴胞和韧皮薄壁细胞,详细观察时,应转换成高倍物镜。

束中形成层:位于初生韧皮部和初生木质部之间,是原形成层保留下来的、仍具有分裂能力的1~2层细胞。在横切面上,细胞排列紧密,呈扁平状,壁薄,染色浅淡。这些细胞的分生产生了次生维管组织,可使维管束不断长大,茎不断加粗。

初生木质部:由导管、管胞、木薄壁细胞和木纤维组成。包括原生木质部和后生木质部,根据导管口径的大小和番红染色的深浅可以判断,靠近茎中心的是原生木质部,导管口径小,分生早,染色深;而后生木质部在外方,导管口径大,分生较晚,染色浅淡。由此可知,初生木质部的发育是自内向外逐渐分化成熟的,故称为内始式。

某些植物的维管束中含有分泌组织,维管束的薄壁细胞中常含有淀粉、晶体等后含物。

② 髓射线。也称初生射线,是存在于两个维管束之间的薄壁细胞层,是由原形成层束之间的基本分生组织分化而来的。它连接皮层与茎中央的髓,内通髓部,外达皮层,具有横向运输和贮藏功能。一般草本植物茎的髓射线较宽,而木本植物茎的髓射线极窄或不明显。髓射线细胞具有潜在的分生能力,在次生生长开始时,与束中形成层细胞相邻的髓射线细胞恢复分生能力,成为整个形成层的一部分,称为束间形成层。在一定条件下,髓射线细胞会分生出不定芽和不定根。

③ 髓。位于茎的中央,由一些大的薄壁细胞构成,排列疏松,常具有贮藏功

能。双子叶植物茎具有髓，一般草本植物的髓部较大，木本植物的髓部较小。有些植物茎的髓部局部遭破坏，形成横髓隔；有些植物茎的髓部四周有环髓区或髓鞘。

向日葵的初生构造如图 1-6-1、图 1-6-2 所示。

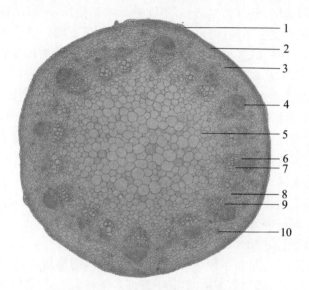

图 1-6-1　向日葵幼茎的初生构造

1. 表皮；2. 厚角组织；3. 皮层；4. 原生韧皮部纤维；5. 髓；6. 初生韧皮部；
7. 初生木质部；8. 髓射线；9. 形成层；10. 分泌道

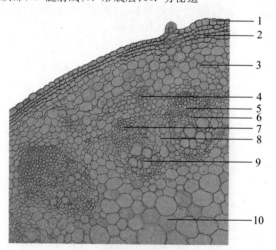

图 1-6-2　向日葵幼茎的初生构造(局部放大)

1. 表皮；2. 厚角组织；3. 皮层；4. 分泌道；5. 初生韧皮部；6. 形成层；
7. 原生韧皮部纤维；8. 髓射线；9. 初生木质部；10. 髓

二、单子叶植物茎的初生结构

单子叶植物的茎和双子叶植物的茎在结构上有许多不同。绝大多数单子叶植物的茎中没有形成层，只有初生结构，不能进行增粗生长，所以结构比较简单。少数单子叶植物虽有次生结构，但也和双子叶植物的茎不同。以禾本科植物的茎作为代表，与双子叶植物的茎相比较，单子叶植物茎初生结构的最显著特点是其维管束呈星散状，分布于基本组织中，因此没有皮层和髓的明显界限。

取玉米茎的横切永久装片，置显微镜下自外向内依次观察各部分结构。

（1）表皮。为茎的最外层细胞，排列整齐紧密，外壁有较厚的角质层，横切面呈扁方形，外壁增厚，具有保护作用。表皮上有气孔，横切面上可见其保卫细胞很小，两侧的副卫细胞稍大，中间的孔为气孔。

（2）基本组织。外部靠表皮有 1～3 层形状较小、排列紧密、胞壁增厚而木质化的厚壁细胞，它们排列成一个保护环，每隔一定的距离被气孔隔断，称之为外皮层，属基本组织的一部分，有支撑和保护作用（制片取材的老嫩程度不同，这圈组织的细胞层数和胞壁加厚的情况随之不同）。

其内为薄壁组织，是基本组织系统的主要部分，细胞较大，排列疏松，有胞间隙，越靠近茎的中部，细胞个体越大，其中有许多维管束呈星散分布状态。

（3）维管束。在基本组织中，有许多散生的维管束，维管束在茎的边缘分布多、较小，在茎的中部分布少、较大。

在低倍镜下选择一个典型维管束并移至视野中央，然后转高倍镜仔细观察维管束结构，如图 1-6-3～图 1-6-6 所示。

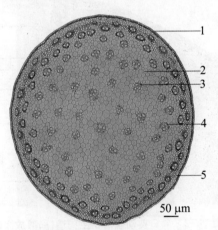

图 1-6-3　玉米茎的初生构造
1. 表皮；2. 基本组织；3. 初生韧皮部；4. 初生木质部；5. 厚壁组织

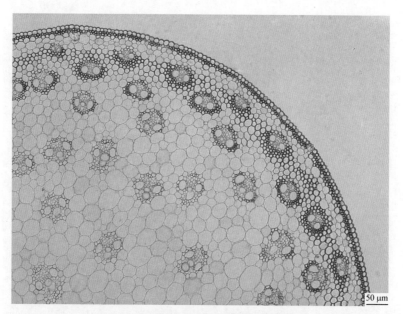

50 µm

图 1-6-4　玉米茎的初生构造(局部放大Ⅰ)

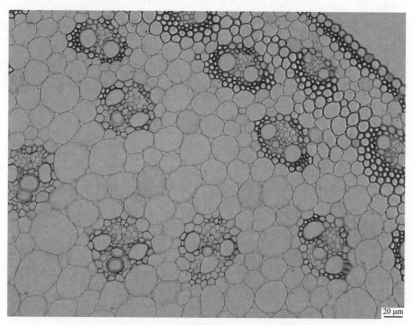

20 µm

图 1-6-5　玉米茎的初生构造(局部放大Ⅱ)

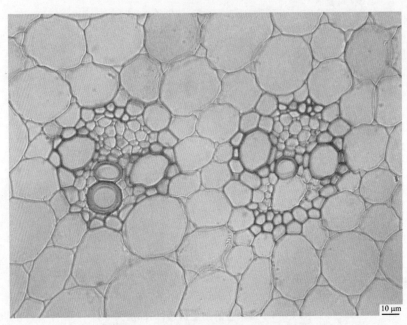

图1-6-6　玉米茎的初生构造(局部放大Ⅲ)

① 维管束鞘。位于维管束的外围,由木质化的厚壁组织形成鞘状结构,此厚壁组织在维管束的外面和里面比侧面发达。

② 韧皮部。位于茎的周边,木质部的外方被染成绿色,其中原生韧皮部位于初生韧皮部的外侧,但已被挤毁或仅留有痕迹。后生韧皮部主要由筛管和伴胞组成,通常没有韧皮薄壁细胞和其他成分。

③ 木质部。位于韧皮部内侧,被染成红色的部分为木质部,其明显特征是由3~4个导管组成"V"形:"V"形的上半部含有2个大的孔纹导管,两者之间分布着一些管胞,即后生木质部;"V"形的下半部有1~2个较小的环纹、螺纹导管和少量薄壁细胞,即原生木质部。此内侧有一大空腔(气腔),注意思考它是怎样形成的。

实验报告

(1) 绘制向日葵幼茎的初生构造横切面简图,并注明各部分的结构名称。

(2) 绘制玉米茎的初生构造横切面简图,并注明各部分的结构名称。

拓展实验

取新鲜芍药(图1-6-7)、凤丹(图1-6-8)等双子叶药用植物的幼茎,铁皮石斛

（图 1-6-9 至图 1-6-11）等单子叶植物的茎,徒手切片,观察其横切装片。

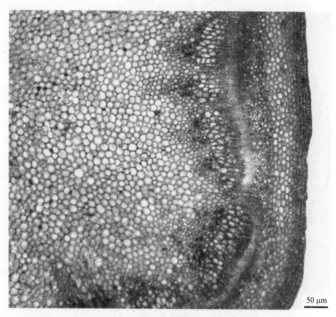

50 μm

图 1-6-7　芍药幼茎(徒手切片,横切)

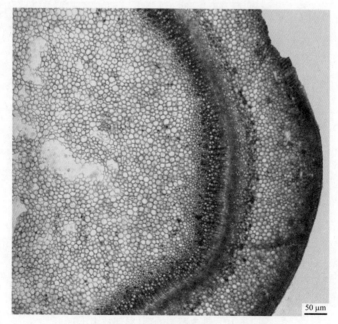

50 μm

图 1-6-8　凤丹幼茎(徒手切片,横切)

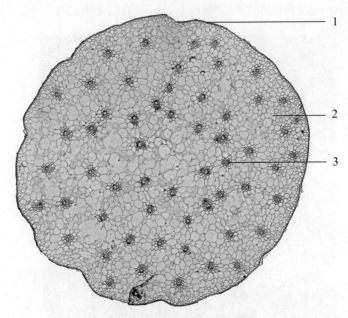

图 1-6-9　铁皮石斛茎的初生构造

1. 表皮；2. 基本组织；3. 纤维束

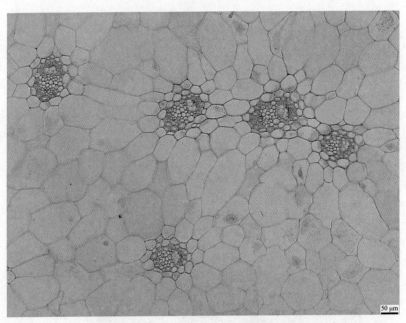

图 1-6-10　铁皮石斛的茎(局部放大 I)

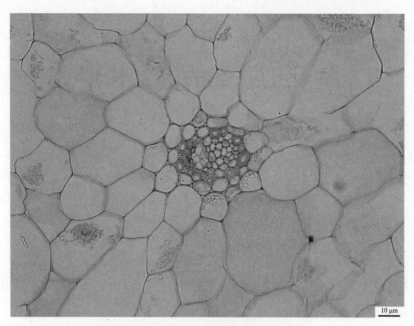

图 1-6-11　铁皮石斛的茎(局部放大Ⅱ)

1. 本质部;2. 韧皮部;3. 纤维束

实验七　茎的次生构造

实验目的

(1) 掌握双子叶植物木质茎的次生构造。
(2) 掌握双子叶植物草质茎的次生构造。

仪器与用品

显微镜、2H 铅笔、直尺、橡皮、小刀等。

实验材料

双子叶植物木质茎的次生构造:椴树科植物椴树的茎(石蜡切片)。
双子叶植物草质茎的次生构造:唇形科植物薄荷的茎(石蜡切片)。

内容与方法

一、双子叶植物木质茎的次生构造

观察椴树茎横切永久装片。先用肉眼透光观察根的切片特征,包括面积大小、颜色以及其他可以观察到的内部特征,然后用低倍镜进行整体观察,最后再用高倍镜由外向内依次观察,注意每个部位细胞的特征。

(1) 表皮。为最外一层细胞,排列整齐紧密。三年生的枝条上,表皮已不完整,大多脱落。

(2) 周皮。由数层扁平的细胞组成,包括木栓层、木栓形成层和栓内层。木栓层位于周皮最外层,为紧接表皮沿径向整齐排列数层的扁平细胞,壁厚,栓质化,是无原生质的死细胞。木栓形成层位于木栓层内方,只有一层细胞,在横切面上细胞呈扁平状,壁薄,质浓,有时可观察到细胞核。栓内层位于木栓形成层内方,有 1～2 层薄壁活细胞,常与外面的木栓细胞整齐排列成同一径向行列,以此区别于皮层中的薄壁细胞。

(3)皮层。较窄,由薄壁细胞组成。皮层中的部分细胞含草酸钙晶体。

(4)次生韧皮部。次生韧皮部常由筛管、伴胞、韧皮纤维和韧皮薄壁组织组成。细胞排列呈梯形,其底边靠近维管形成层。在次生韧皮部中有成束被染成红色的韧皮纤维,其他被染成绿色的部分为筛管、伴胞和韧皮薄壁细胞。在次生韧皮部间排列着一些薄壁细胞,为髓射线,这些髓射线细胞越靠近外部越多越大,呈倒梯形,其底边靠近皮层。

(5)维管形成层。位于次生韧皮部内侧,由 1～2 层排列整齐的扁平细胞组成,环状,被染成浅绿色。

(6)次生木质部。维管形成层以内染成红色的部分即次生木质部,在横切面上所占面积最大,在低倍镜下可清楚地区分为 3 个同心圆环,即 3 个年轮。观察时,注意从细胞特点上区别早材和晚材。

(7)维管射线。在维管束之内,横向贯穿于次生韧皮部和次生木质部的薄壁细胞。

(8)髓射线。髓的薄壁细胞呈辐射状向外排列,经次生木质部时,是 1～2 列细胞;至次生韧皮部时,薄壁细胞变多变大,呈倒梯形,即形成髓射线,位于维管束之间。

(9)髓。位于茎的中心,由薄壁细胞组成。髓部与次生木质部相接处,有一些染色较深的小型细胞,排列紧密,呈带状,为环髓带。

三年生椴树茎的次生构造如图 1-7-1 至图 1-7-4 所示。

二、双子叶植物草质茎的次生构造

观察薄荷茎的横切装片。先用肉眼透光观察切片特征,包括面积大小、颜色以及其他可以观察到的内部特征,然后用低倍镜观察其大体轮廓,最后转换高倍镜由外向内依次仔细观察。

(1)表皮。由一层长方形表皮细胞组成,外被角质层,有时具毛(腺毛、非腺毛或腺鳞)。

(2)皮层。较窄,由数层排列疏松的薄壁细胞组成。在 4 个棱角内方,各有 10 余层厚角细胞组成的厚角组织,细胞角隅处加厚明显,在切片中被染成绿色。内皮层明显,径向壁上可见被染成红色的凯氏点。

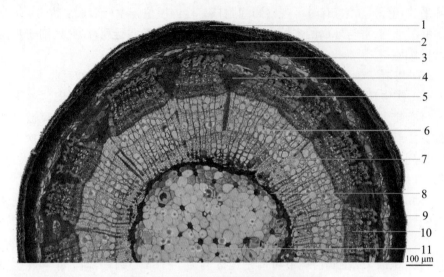

图 1-7-1　三年生椴树茎的次生构造

1. 周皮；2. 皮层；3. 草酸钙晶体；4. 射线；5. 次生韧皮部；6. 次生木质部；

7. 年轮；8. 环髓带；9. 表皮；10. 韧皮纤维；11. 髓

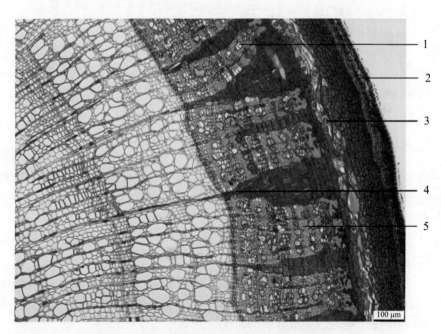

图 1-7-2　三年生椴树茎的次生构造(局部放大Ⅰ)

1. 次生韧皮部；2. 周皮；3. 草酸钙结晶；4. 髓射线；5. 韧皮纤维

图 1-7-3 三年生椴树茎的次生构造（局部放大Ⅱ）

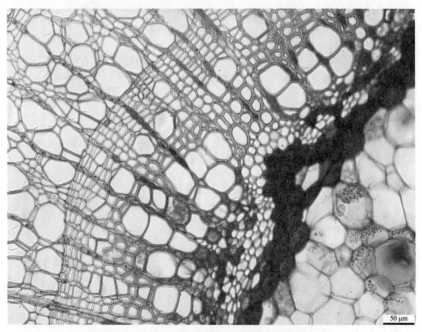

图 1-7-4 三年生椴树茎的次生构造（局部放大Ⅲ）

（3）维管柱。

① 维管束。4 个大的维管束（正对棱角）和其间较小的维管束呈环状排列。次生韧皮部在外方，狭窄，形成层呈环状，束间形成层明显。次生木质部在棱角处较发达，导管单列，数行，纵向排列，在导管列之间为薄壁细胞组成的维管射线。

② 髓。发达，由大型薄壁细胞组成。

③ 髓射线。由维管束间的薄壁细胞组成，宽窄不一。

此外，在茎各部分的薄壁细胞内，有时还可见到扇形或具放射状纹理的橙皮苷晶体。

薄荷茎的次生构造如图 1-7-5、图 1-7-6 所示。

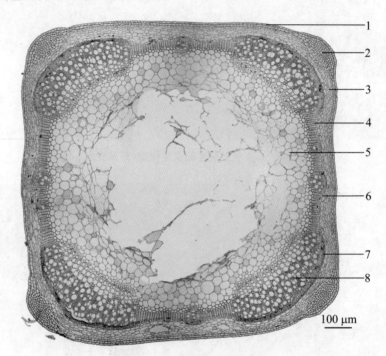

图 1-7-5　薄荷茎的次生构造

1. 表皮；2. 皮层；3. 厚角组织；4. 内皮层；5. 次生韧皮部；

6. 形成层；7. 次生木质部；8. 髓

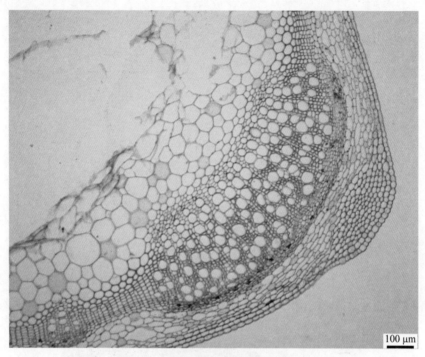

图 1-7-6　薄荷茎的次生构造（局部放大）

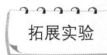

实验报告

（1）绘制椴树茎的次生构造横切面简图（局部），并注明各部分的结构名称。

（2）绘制薄荷茎的次生构造横切面简图，并注明各部分的结构名称。

拓展实验

一、双子叶植物木质藤本茎的次生构造

取木通科植物五叶木通的茎制作徒手切片。五叶木通的茎有木栓层，栓内层外侧具有众多含晶石细胞；中柱鞘由含晶石细胞群与含晶鞘纤维束交替排列成连续的浅波形环带；韧皮部中韧皮射线具有 1～3 列含晶石细胞，有时与中柱鞘相连；石细胞为含晶石细胞；束中形成层明显；木质部全部木化，导管内有时可见红棕色内含物；木射线木化增厚。五叶木通茎的次生构造如图 1-7-7、图 1-7-8 所示。

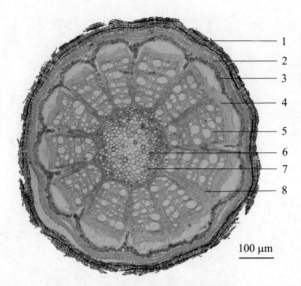

图 1-7-7 五叶木通茎的次生构造

1. 周皮；2. 皮层；3. 中柱鞘；4. 次生韧皮部；5. 次生木质部；6. 髓；7. 棱晶；8. 髓射线

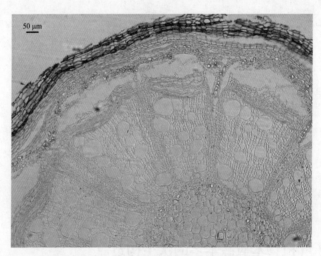

图 1-7-8 五叶木通茎的次生构造（局部放大）

二、双子叶植物草质藤本茎的次生构造

取葫芦科植物南瓜茎的横切永久装片观察。南瓜茎的次生构造具有表皮。

厚角组织一般分布在茎的棱角处。在次生韧皮部的外方可见 2～3 层纤维连成一圈，所以又称环管纤维。在维管束中可见到口径大、细胞壁被染成红色的导管。导管细胞比较粗大，次生壁加厚，与其他细胞极易区分。木质部外方（远离髓腔)壁较薄的组织是韧皮部(外韧皮部)。而在木质部的内方也有壁较薄的组织,为内韧皮部,这样的维管束称为双韧维管束。外韧皮部与木质部之间有几层径向排列整齐的细胞,壁较薄,细胞横向窄而长,为形成层。

南瓜茎韧皮部的筛管被染成蓝色,有的筛管细胞可见网状结构,即筛板。在横切面看筛管细胞呈多角形,不呈圆形,有的能见到整个筛板,或部分筛板,因为切到筛板的机会较少,所以在制片中只有少数筛管分子上可以见到上述情况,而且有的筛板并不完全垂直于轴向壁,所以在横切面上见到的筛板通常并不完整。筛板呈网状,像筛底一样,上面分布的孔即筛孔,这些结构要在高倍物镜下才能看清。筛管分子一侧较小的细胞呈三角形或四边形,细胞质浓厚,有的能见到细胞核,这个较小的细胞是伴胞。在远离形成层的韧皮部,往往能见到很窄的细胞,有的变成一条颜色深而且轮廓模糊的粗线,这是原生韧皮部。在成熟的茎中,原生韧皮部已失去功能,细胞死去,变扁。

导管分子口径比一般细胞口径大,壁木质化,被番红染液染成红色,在切片中最容易被看到。较早发育的导管(即原生木质部的导管)位于木质部的向心部分,口径较小。木质部中还有许多木质化的薄壁细胞和活的薄壁细胞,木质化的薄壁细胞围绕在导管周围。

南瓜茎的次生构造如图 1-7-9、图 1-7-10 所示。

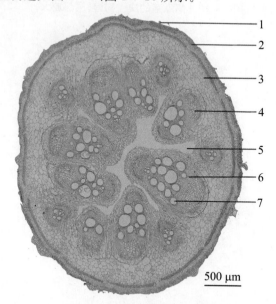

500 μm

图 1-7-9　南瓜茎的次生构造

1. 表皮毛;2. 表皮;3. 厚角组织;4. 薄壁组织;5. 中柱鞘纤维;6. 薄壁组织;

7. 未被破坏的髓部薄壁组织;8. 次生木质部;9. 内生韧皮部;10. 外生韧皮部;11. 形成层(8、9、10、11 构成了双韧维管束)

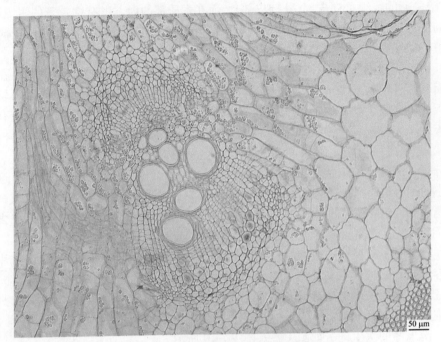

图 1-7-10 南瓜茎的次生构造(局部放大)

实验八 根状茎、叶的构造

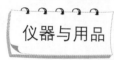

实验目的

（1）掌握植物根状茎的构造特点。

（2）掌握植物叶的构造特点。

仪器与用品

显微镜、2H 铅笔、直尺、橡皮、小刀等。

实验材料

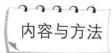

双子叶植物根状茎：毛茛科植物黄连的根状茎（石蜡切片）。

单子叶植物根状茎：天南星科植物石菖蒲的根状茎（石蜡切片）。

双子叶植物叶：唇形科植物薄荷的叶（石蜡切片）。

单子叶植物叶：禾本科植物淡竹叶的叶（石蜡切片）（示教）。

内容与方法

一、双子叶植物根状茎的次生构造

观察黄连根状茎的横切永久装片。先用肉眼透光观察根状茎的切片特征，包括面积大小、颜色以及其他可以观察到的内部特征，然后用低倍镜进行整体观察，最后用高倍镜由外向内依次观察，注意每个部位细胞的特征。

（1）鳞叶。表皮细胞多呈细长方形或长多角形，壁呈微波状弯曲或连珠状增厚。

（2）周皮。位于最外侧，由多层排列整齐、壁厚的细胞组成，常被染成棕红色。

黄连根状茎的次生构造如图 1-8-2 所示。

（3）皮层。位于木栓层之内，宽广，具有多层薄壁细胞，在皮层细胞中有厚壁组织，皮层中常可见根迹维管束（使茎维管束与不定根维管束相连的维管束）和叶迹维管束（使茎维管束与叶柄维管束相连的维管束），皮层内侧常分布有石细胞群。

（4）维管束。位于皮层内，呈断续环状排列，为无限外韧型。束间形成层不明显。中柱鞘纤维成束，位于韧皮部外侧，其间夹有少数石细胞，被染成鲜红色。次生韧皮部紧靠内皮层，常被染成绿色，细胞较小，在维管束中所占比例较小。次生木质部在维管束中所占比例较大，常被染成红色，次生木质部均木质化，包括导管、木纤维和木薄壁细胞，木纤维发达。有的木射线也木质化。

（5）髓部。中央有明显的髓部，由类圆形薄壁细胞组成，偶见石细胞及石细胞群，薄壁细胞中含细小淀粉粒。

黄连根状茎的次生构造如图 1-8-1、图 1-8-2 所示。

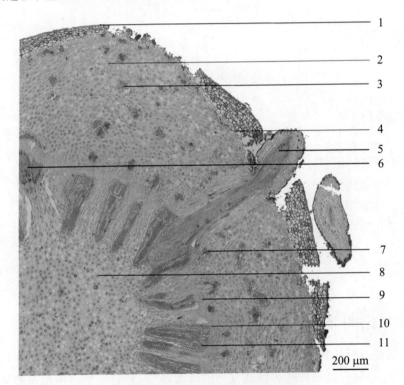

图 1-8-1　黄连根状茎的次生构造

1. 鳞叶细胞；2. 皮层；3. 石细胞群；4. 周皮；5. 根迹维管束；6. 叶迹维管束；

7. 中柱鞘纤维束；8. 髓；9. 次生韧皮部；10. 形成层；11. 次生木质部

图 1-8-2　黄连根状茎的次生构造(根迹维管束、叶迹维管束、鳞叶等局部放大)

二、单子叶植物根状茎的初生构造

观察石菖蒲根状茎横切永久装片。先用肉眼透光观察切片特征,包括面积大小、颜色以及其他可以观察到的内部特征,然后用低倍镜观察其大体轮廓,最后转换高倍镜由外向内依次仔细观察。

(1) 表皮。位于最外侧,由一层排列紧密的细胞组成,外壁加厚,角质化。

(2) 皮层。位于表皮之内的多层薄壁细胞,常占较大体积,可见油细胞、纤维束和叶迹维管束。纤维束类圆形,周围细胞中含有草酸钙方晶,形成晶(鞘)纤维;叶迹维管束为外韧型,周围有维管束鞘包绕。内皮层明显,具有凯氏点加厚。有的切片可见自内皮层以内发出的根迹维管束斜向通过皮层。

(3) 维管束。位于内皮层之内,主要为周木型,有的为外韧型。

石菖蒲根状茎的初生构造如图 1-8-3、图 1-8-4 所示。

三、双子叶植物叶的次生构造

观察薄荷叶横切永久装片。先用肉眼透光观察切片特征,包括面积大小、颜色以及其他可以观察到的内部特征,然后用低倍镜观察其大体轮廓,最后转换高倍镜由外向内依次仔细观察。

一般双子叶植物叶片的次生构造可分为表皮、叶肉和叶脉 3 个部分:

(1) 表皮。分为上表皮和下表皮,上表皮细胞呈长方形,下表皮细胞较小,均扁平,被角质层,具气孔;表皮有腺鳞,头为多细胞,柄为单细胞,并有单细胞头的腺毛和多细胞的非腺毛。

(2) 叶肉。栅栏组织为 1 列薄壁细胞,少有 2 列,海绵组织由 4~5 列不规则且排列疏松的薄壁细胞组成。

(3) 叶脉。观察主脉,维管束为外韧型,次生木质部位于主脉的近轴面(靠近上表皮),导管常具有 2~6 纵列,数行,次生韧皮部位于次生木质部下方,较窄,细胞小,呈多角形,形成层明显。主脉上、下表皮内侧有若干列厚角组织。

针簇状橙皮苷结晶分布于表皮细胞、薄壁细胞和少数导管内。

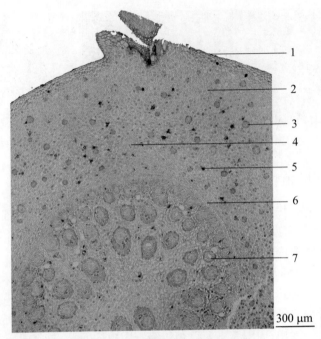

图 1-8-3　石菖蒲根状茎的初生构造
1. 表皮；2. 皮层；3. 纤维束；4. 叶迹维管束；5. 油细胞；6. 内皮层；7. 周木维管束

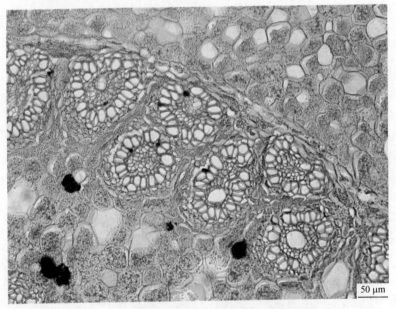

图 1-8-4　石菖蒲根状茎的初生构造（局部放大）

薄荷叶的次生构造如图 1-8-5 所示。

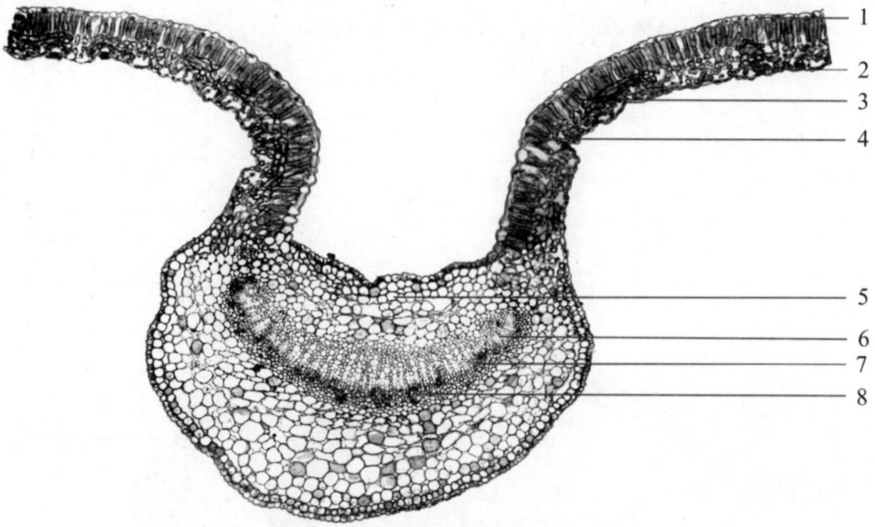

图 1-8-5　薄荷叶的次生构造

1. 上表皮；2. 海绵组织；3. 下表皮；4. 栅栏组织；5. 厚角组织；
6. 次生木质部；7. 形成层；8. 次生韧皮部

四、单子叶植物叶的初生构造(示教)

观察淡竹叶叶的横切面永久装片。先用肉眼透光观察切片特征,包括面积大小、颜色以及其他可以观察到的内部特征,然后用低倍镜观察其大体轮廓,最后转换高倍镜由外向内依次仔细观察。

单子叶植物叶片的初生构造和双子叶植物一样,具有表皮、叶肉和叶脉 3 种基本结构。

(1) 表皮。由一层较规则的细胞紧密排列成行,分为上表皮和下表皮:上表皮由一些特殊的大型薄壁细胞组成,细胞呈长方形,具有大型液泡,在横切面上呈扇形排列,被称为泡状细胞或者是运动细胞,径向沿长;下表皮细胞较小,椭圆形,排列整齐,切向沿长。上、下表皮均有角质层、气孔及长形和短形两种单细胞非腺毛,下表皮气孔较多。

(2) 叶肉。淡竹叶的叶肉组织分化成栅栏组织和海绵组织,属于两面叶类型。栅栏组织为 1 列短圆柱形的细胞,内含叶绿体并通过主脉;海绵组织由 1～3 列(多为 2 列)排列较疏松的不规则圆形细胞组成。但是禾本科植物的叶片多呈直立状态,叶片两面受光近似,因此一般叶肉没有栅栏组织和海绵组织的明显分化,属于等面叶类型。

（3）叶脉。叶脉内的维管束近平行排列，主脉粗大，维管束为有限外韧型，无形成层，周围有1～3层纤维间隔，纤维壁木化。主脉维管束的上、下方与表皮相接处，通常可见多列小型厚壁纤维，其余均为大型薄壁细胞。

淡竹叶叶的初生构造如图1-8-6、图1-8-7所示。

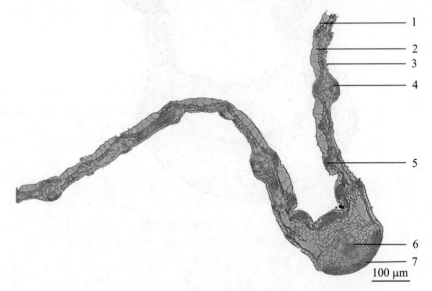

图 1-8-6　淡竹叶叶的初生构造

1. 上表皮；2. 泡状细胞；3. 下表皮；4. 侧脉维管束；5. 纤维束；6. 主脉维管束；7. 机械组织

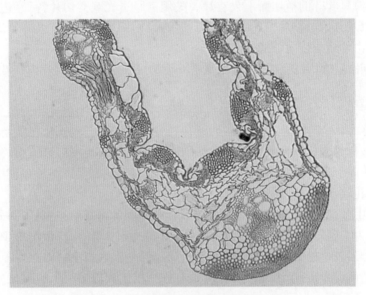

图 1-8-7　淡竹叶叶的初生构造（局部放大）

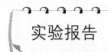

实验报告

（1）绘制黄连根状茎的横切面简图，并注明各部分的名称。

（2）绘制石菖蒲根状茎的横切面简图，并注明各部分的名称。

（3）绘制薄荷叶的横切面简图，并注明各部分的名称。

拓展实验

取生姜、鸢尾等单子叶植物的新鲜根状茎，制作横切面徒手切片，置显微镜下观察。

实验九　综合性实验:自选材料营养器官的组织观察

实验目的

（1）掌握徒手切片技术和表面制片法。
（2）熟悉自选材料具有的所有组织的类型及其主要特征。

仪器与用品

显微镜、镊子、解剖针、刀片、培养皿、载玻片、盖玻片、吸水纸、酒精灯、水合氯醛试剂、稀甘油。

实验材料

从校园内选择一种草本植物,具备根或根状茎、茎、叶等器官。

内容与方法

一、观察根或根状茎的内部结构

利用自选的材料,做根或根状茎横切面的徒手切片,选用适当的染色剂,置于显微镜下观察。

二、观察茎的内部结构

利用自选的材料,制作茎横切面的徒手切片,选用适当的染色剂,置于显微镜下观察。

三、观察叶的结构

（1）叶柄的横切面观察。利用自选的材料，制作叶柄横切面的徒手切片，选用适当的染色剂，置于显微镜下观察。

（2）叶的气孔观察。利用自选的材料，采用撕片法制作叶的表皮临时装片，置于显微镜下观察气孔。

（3）叶的表皮毛观察。利用自选的材料，采用撕片法制作叶的表皮临时装片，置于显微镜下观察表皮毛。

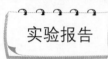

实验报告

（1）拍摄自选材料根或根状茎的横切面，绘制其组织结构简图，并标注各组织结构的名称。

（2）拍摄自选材料茎的横切面，绘制茎的组织结构简图，并标注各组织结构的名称。

（3）拍摄自选材料的叶柄、气孔、表皮毛。

下篇

药用植物学实验技术与方法

第一章　显微镜的保养与维护

显微镜是研究植物显微结构的必备精密仪器。随着科学技术的发展,显微镜的自动化程度越来越高,各种显微镜的配套零部件也日臻完善。显微镜除机械部分外,还有由各种型号的玻璃制作的、各种形状的透镜所组成的透镜部分。只有经过这些透镜的综合作用,人眼才能清晰地看到物质的微观结构。所以,保养与维护透镜是非常重要的工作。

一、透镜产生的疵病及主要原因

为了保证各种光学镜片的质量和将透镜正确地安装在稳定、洁净的支撑物体上,不仅要防止潮湿和有害气体的侵蚀以及尘埃的侵入,还要注意搬动和使用的安全,防止因震动、撞击和恶劣气候而使透镜产生疵病和损伤。对产生疵病的光学镜片应进行及时的诊断和维护。

下面介绍透镜产生的疵病及主要原因。

(一) 生霉

在工作过程中,手指最容易受到污染,并易将污染物与分泌物带到光学透镜上,使整个透镜生霉。空气中的灰尘、污物落到透镜上,若仪器本身密封不好,则容易使透镜受到破坏。例如,小虫特别是螨虫类的尸体是霉菌生长的营养来源。

(二) 起雾

所谓"雾",就是透镜抛光面上呈现出的"露点"似的物质。其中,由油质点构成的称为"油雾",有的则是水珠在玻璃表面形成的水性雾。这两种雾都以"露水"状或干的堆积物存在于玻璃表面,统称为光学仪器的"雾"。起雾现象对透镜的危害也很大。

(1) 因油脂污染而产生的油性雾,是由于擦拭光学透镜时所用的材料含油脂量较高引起的。例如,棉花、布块和所用工具上带有油脂,或用手指取光学零件,都会引起油性雾。

(2) 在湿度大、温度高、温差大的情况下,在透镜表面易形成水性雾。另外,由于霉菌生长,在菌丝体周围产生的分泌物也易形成水性雾。

光学零件起雾后,由于雾滴以曲率半径极小的球状体分布于零件表面,因而使入射光线产生散射现象。这样,除了降低仪器的有效透光率外,还会使成像质量降低,影响观察。

(三)脱胶

光学零件的胶层裂开称为脱胶。透镜如果脱胶将会降低成像质量,严重的将导致物像破坏,甚至无法使用。

(四)膜损伤

显微镜玻璃透镜的反射膜、增透膜和分光膜表面镀了一层膜。这种膜是在真空条件下,用化学方法将银或铝镀在镜片上制成的。这是增强光照度的一种有效措施,倘若受到腐蚀性气体的侵蚀或在擦拭时使用的除污剂不当,则镀膜会遭受损伤,甚至脱落。这是镜检工作和维护人员应注意的问题。

(五)光学玻璃损伤

油性物质与玻璃有很强的亲和力,能被玻璃表面紧紧地吸附,形成单分子层或多分子层。它能与玻璃成分起化学反应生成化合物,特别是其中的油性酸可能与玻璃中的阳离子发生反应,所以用简单的擦拭方法难以擦净。当然,玻璃的成分不同,受影响程度也不同。

光学玻璃中的氧化钠和氧化钾等碱金属离子极易与水发生反应。开始时,玻璃表面的碳金属氧化物会溶解在凝结的小水点中,成为稀碱溶液。随着时间的增长,液滴的体积、浓度都随着增大,逐渐成为高浓度的碱溶液,对玻璃产生腐蚀作用。这种液滴还能吸收空气中的酸性气体二氧化碳生成碳酸盐。当空气干燥时,水分蒸发后留下积在玻璃表面的碳酸盐等微晶,在空气潮湿时又重新吸收水分继续发展,从而对玻璃表面造成严重破坏,使其形成一层擦不掉的斑点,呈现凹凸不平的现象,有的光学零件因长期起雾,被腐蚀的玻璃表面形成很多微孔,严重时会使光学零件报废。

二、光学部件的防护措施

显微镜是常用的精密光学仪器,对使用和保管条件要求较高。如不注意,很容易受损,特别是光学部件。因此,在使用和保管时应针对性地采取各种防护措施。

(一)管理措施

(1)显微镜要放置在干燥、阴凉、无尘、无腐蚀作用的地方。使用后,要立即擦拭干净,用防尘透气罩罩好或放在箱子内。在使用和保存时,应注意防潮、防霉、防化学腐蚀性气体的侵蚀,还应注意防震动和防撞击等。

① 保持仪器良好的密封性,防止霉菌饱子及霉菌生长的营养物和结雾尘埃的侵入。

② 防止曝晒、火烤和严寒,严格按照物镜转换器的操作规程来使用,镜筒上部一定要有目镜罩,防止落入尘埃。

③ 保持仪器的干燥,配备防潮除湿机具,并使机具处于经常运转状态。

(2) 正确存放。要求将仪器存放在桌子或架子上,不能放在靠近墙、地面以及热源处。

(3) 适时通风。室内温度保持在 10～36 ℃,风力在三级以下。

(4) 仪器定期干燥。在南方的雨季,用完后的光学部件(目镜、物镜、聚光镜等)应取下来,用白纸包扎后,存放在盛有干燥剂的干燥器中,保持干燥。仪器内存放的硅胶应及时更换,保持干燥剂处于干燥状态。

(二) 保护方法

使用显微镜时应注意下列事项:

(1) 应防止震动和暴力,以免造成光学系统光轴偏斜而影响观察,以致看不清物像。搬动显微镜时,应一手提镜臂,一手托镜座。观察时,显微镜应放在离桌边 10 cm 左右处。

(2) 标本推进器。推动必须顺利灵活。如果发现推动时有阻滞现象,则应在滑动部分涂抹一些优等润滑油(如钟表油、石油醚),使之恢复原样。

(3) 粗、微调焦螺旋必须经常保持转动顺利灵活。如果注入的润滑剂过多,就会使轴承粘住,转动不灵活。同时,应避免灰尘侵入。如果发现对焦后,不久影像又模糊不清,则说明镜筒有下滑现象,应立即检修。

(4) 化学试剂很容易玷污光学玻璃,使其晦暗变色。有些化学试剂的蒸气也易氧化镜头。所以,应将光学透镜保护好,避免和化学试剂或药品靠近与接触,切不可用手指触及透镜。

(5) 镜头在用过后可用拭镜纸蘸少许二甲苯擦拭。但不能用得太多,因镜头中的透镜是由树胶粘合的,二甲苯浸入后,树胶易溶化。用少许二甲苯擦拭后用吹风球吹干即可,以防渗入物镜镜片内部。

(6) 在使用油浸系物镜前,必须先用低倍镜找到被检物后再换高倍镜,调焦并将被检物移到视野中心,然后再换油浸系物镜。此时绝不能用粗调焦旋钮,只能用微调焦旋钮。如果盖玻片过厚则不会聚焦,注意不要一味调焦,否则容易压碎标本,使镜头也遭到破坏。

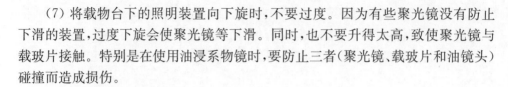

（7）将载物台下的照明装置向下旋时，不要过度。因为有些聚光镜没有防止下滑的装置，过度下旋会使聚光镜等下滑。同时，也不要升得太高，致使聚光镜与载玻片接触。特别是在使用油浸系物镜时，要防止三者（聚光镜、载玻片和油镜头）碰撞而造成损伤。

三、常见故障的排除

（一）镜筒的自行下滑

这是显微镜经常发生的故障之一。对于轴套式结构的显微镜，解决的办法可分两步进行。

（1）用双手分别握住两个粗调手轮，相对用力旋紧。看能否解决问题，若还不能解决问题，则要用专用的双柱扳手把一个粗调手轮旋下，加一片摩擦片，手轮拧紧后，如果转动很费劲，说明加的摩擦片太厚，可调换一片薄的。以手轮转动不费力、镜筒上下移动轻松而又不自行下滑为准。摩擦片可用废照相底片或厚小于1 mm的软塑料片通过打孔器冲制。

（2）检查粗调手轮轴上的齿轮与镜筒身上的齿条啮合状态。镜筒的上下移动是由齿轮带动齿条来完成的。齿轮与齿条的最佳啮合状态在理论上是齿条的分度线与齿轮的分度圆相切。在这种状态下，齿轮转动轻松，并且对齿条的磨损最小。有一种错误的做法是在齿条后加垫片，使齿条紧紧地压住齿轮，以此来阻止镜筒的下滑。事实上，这时齿条的分度线与齿轮的分度圆相交，齿轮和齿条的齿尖都紧紧地顶住对方的齿根。当齿轮转动时，相互间会产生严重的磨削。由于齿条是铜质材料的，齿轮是钢质材料的，所以相互间的磨削，会使齿条上的牙齿损坏，齿轮和齿条上产生许多铜屑，最后齿条会严重磨损而无法使用。因此千万不能用垫高齿条来阻止镜筒的下滑。解决镜筒自行下滑的问题，只能用加大粗调手轮和偏心轴套间的摩擦力来实现。但有一种情况例外，那就是齿条的分度线与齿轮的分度圆相离。这时转动粗调手轮时，同样会产生空转打滑的现象，影响镜筒的上下移动。如果通过调整粗调手轮的偏心轴套无法调整齿轮与齿条的啮合距离，则只能在齿条后加垫适当的薄片来解决。加垫片调整好齿轮与齿条啮合距离的标准是：转动粗调手轮不费劲，但也不空转。

调整好距离后，在齿轮与齿条间加一些中性润滑脂，让镜筒上下移动几下即可。最后还须把偏心轴套上的两枚压紧螺丝旋紧。否则，转动粗调手轮时，偏心轴套可能会跟着转动，而把齿条卡死，使镜筒无法上下移动。这时如果转动粗调手轮力量过大，可能会损坏齿条和偏心轴套。在旋紧压紧螺丝后，如果发现偏心轴套还是跟着转，这是由压紧螺丝的螺丝孔螺纹没有改好造成的。因为厂家改螺纹是用机器改丝的,往往会有一到两牙螺纹未改到位。这时即使压紧螺丝也旋不到位,偏心轴套也就压不紧了。发现这种故障,只要用 M3 型丝攻把螺丝孔的螺纹攻穿就能解决镜筒自行下滑的问题。

(二)物镜转换器转动困难或定位失灵

转换器转动困难可能是固定螺丝太紧,也可能是固定螺丝太松。如果固定螺丝太松,里面的轴承弹珠就会脱离轨道,挤在一起,同样造成转动困难;另外弹珠很可能跑到外面来,弹珠的直径仅有 1 mm,很容易遗失。固定螺丝的松紧程度以转换器转动轻松自如、垂直方向没有松动的间隙为准。调整好固定螺丝后,应随即把锁定螺丝锁紧,否则转换器转动后,又会发生问题。

转换器定位失灵,有时也可能是由定位簧片断裂或弹性变形造成的,这时需要更换簧片。

(三)遮光器定位失灵

这可能是由遮光器固定螺丝太松而使定位弹珠逃出定位孔造成的。只要把弹珠放回定位孔内,旋紧固定螺丝即可。如果旋紧后,遮光器转动困难,则需在追光板与载物台间加一个垫圈。垫圈的厚薄以螺丝旋紧后,遮光器转动轻松、定位弹珠不外逃、遮光器定位正确为佳。

(四)镜架、镜臂倾斜时固定不住

这是镜架和底座的连接螺丝松动所致。可用专用的双头扳手或用尖嘴钳卡住双眼螺母的两个孔眼,用力旋紧即可。如果旋紧后仍未解决问题,则需在螺母里加些适当的垫片。

(五)目镜、物镜的镜片被污染或发生霉变

大部分显微镜使用一段时间后镜片的外面会被污染。尤其是高倍物镜 40×。如果镜片被污染不及时清洗干净就会发生霉变。处理的办法是先用干净柔软的绸布蘸温水清洗掉糖液等污染物,然后用干绸布擦干,再用长纤维脱脂棉蘸些镜头清洗液清洗,最后用吹风球吹干。要注意的是清洗液千万不能渗入物镜镜片内部。因为为了达到所需要的放大倍数,高倍物镜的镜片需要紧紧地胶接在一起。胶是透明的,且非常薄,一旦这层胶被酒精、乙醚等溶剂溶解,光线通过这两片镜片时,光路就会发生变化,观察效果会受到很大的影响。所以在清洗时不要让酒精、乙醚等溶剂渗入物镜镜片的内部。

若是目镜、物镜镜头内部的镜片被污染或霉变,就必须拆开清洗。目镜可直接

拧开拆下后进行清洗。但物镜的结构较复杂,镜片的叠放、各镜片间的距离都有非常严格的要求,精度也很高,在装配时是经过生产厂家精确校正定位的,所以拆开清洗干净后,必须严格按原样装配好。

显微镜的镜片是用精密加工的光学玻璃片制成的,为了增加透光率,都需在光学玻璃片的两面涂上一层很薄的透光膜,这样透光率就可以达到97%~98%。这一层透光膜表面很平整光滑,且很薄,一旦透光膜表面被擦伤留有痕迹,它的透光率就会受到很大影响,观察时会变得模糊不清。所以在擦拭镜片时,一定要用干净柔软的绸布或干净毛笔轻轻擦拭,若用拭镜纸擦拭则更要动作轻柔,以免损伤透光膜。

综上所述,对于显微镜的防护,只要做到防尘、防潮、防热、防腐蚀,用后及时清洗和擦拭干净,并定期在有关部位加注中性润滑油即可。对于一些结构复杂、装配精密的零部件,如果没有一定的专业知识、一定的技能和专用工具,就不能擅自拆装,以免损坏零部件。

第二章　显微测量法

观察显微标本片时,除观察组织细胞及细胞后含物的形态、结构外,尚需测定微细结构的大小,如长度、宽度(直径)等,作为显微鉴定的主要依据之一,因此需要掌握显微测量的方法。

显微测量的对象一般都很小,测量单位通常采用微米(μm)。如果超过 1000 μm,则可以用毫米(mm)做单位。在进行某种药材的组织或粉末鉴定时,对一种细胞及后含物大小进行测定,应在对显微标本片全面观察的基础上,记录其最小值及最大值,若该种结构的最小长度是 3 μm,最大长度是 15 μm,则应选择 3~15 μm 为其长度范围。但在实际应用中,允许有少数略低于或超过规定数值的现象存在。此外还应注意选用适宜的试液装片,如测定淀粉粒大小时宜选用斯氏液装片,以防因测量物的形态、大小发生变化而影响鉴定结果。

显微测量的主要工具为显微测微尺(简称"测微尺")和显微镜。其中测微尺是用来测定显微镜下被镜检物体长度、数目、面积和体积大小的量具。常用的有镜台测微尺(简称"台尺")和目镜测微尺(简称"目尺")两种,必须将两者互相配合使用,才能完成其功能。

一、目镜测微尺

目尺是装在目镜内的一个圆形小玻片,直径为 20~21 mm,玻片的一面刻有标尺。

一种为直线式标尺[简称"直尺",图 2-2-1(a)],中央有精确刻度,直尺长度为 1 cm 或 0.5 cm,精确等分为 100 小格或 50 小格。另一种为多格式的网状测微尺[简称"网尺",图 2-2-1(b)],其上有方格的网状标尺,方格的大小和数目各有不同,有 25 格、36 格、40 格,也有在一个正方形大格中划分 100 个小方格的微尺。

目尺是用来直接测量目的物大小的,使用时,旋开目镜的接目透镜,将目尺有刻度的一面向上,装入目镜中部的光阑,旋上接目透镜,将目镜插入镜筒内即可。

目尺可用于直接测量物体长度,但其刻度所代表的长度随显微镜的镜筒长度、物镜和目镜的放大倍数而改变,因此在使用前必须用载台量尺标化,即用载台测微尺来校正,以确定目尺上的每一小格所代表的实际长度。

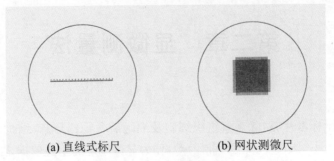

(a) 直线式标尺　　　　　　(b) 网状测微尺

图 2-2-1　目镜测微尺

二、载台测微尺

载台测微尺(简称"台尺")为一特制的载玻片,外形与普通载玻片相似,载玻片中央印有一条微细的特制标尺(图 2-2-2)。标尺全长 1 mm,精确等分为 10 大格、100 小格,因此每小格的长度是 0.01 mm,即 10 μm。有的台尺全长为 2 mm,分成 200 小格,即每小格长度不变。标尺的外围有一小黑圈,以便在显微镜下找到标尺的位置。标尺上面覆盖一个圆形的盖玻片,用以保护标尺。

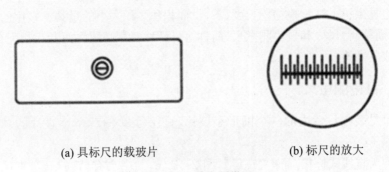

(a) 具标尺的载玻片　　　　　　(b) 标尺的放大

图 2-2-2　载台测微尺

台尺像封片一样,是滴有加拿大树胶,并用圆形盖玻片封起来的,所以在使用台尺前后,只可以用拭镜纸蘸极少量的二甲苯清除表面污染灰尘。一定不要使过量二甲苯浸入盖玻片中,以免过多的二甲苯稀释树胶,使盖玻片滑动或脱落而导致台尺报废。

注意:台尺是显微长度、直径等测量的标准,不直接用来测量物体长度,而是用来校正目尺和其他相关测量工具的。

三、显微测量

（一）目镜测微尺的校正

目尺每 1 小格相当的长度，是随显微镜的镜筒长度、目镜和物镜的放大倍数的改变而变化的。因此，在测量前，必须对测量时所用的镜筒、目镜和物镜下的目尺每 1 小格代表的长度进行校正。校正步骤如下：

（1）确定使用有推进器的显微镜，记下所使用显微镜的编号与使用倍率。

（2）将物镜对准载物台上的通光孔并使光线在视野中照射均匀，强弱适中。

（3）将台尺放在镜台上。在低倍镜下把台尺的刻度移至视野中心，调焦至刻度清晰。

（4）在目镜内安装好目尺。旋开目镜的接目透镜（目镜上盖），将目尺正面向上，放在目镜光阑上，旋上接目镜片。

（5）转动目镜，以使两种量尺的刻度线平行，移动台尺，使两种测微尺左边的"0"刻度重合。再找出目尺刻度为 100 时与台尺右边相重合的刻度（图 2-2-3）。

计算公式为：目尺每格代表的实际长度（μm）＝两条重合线之间的台尺的小格数×10 μm/两条重合线之间的目尺的小格数。

举例：如图 2-2-3 所示，目尺的 100 小格（0～100）与台尺的 39 小格（0～39）的长度相当，则目尺 1 小格代表的实际长度＝10 μm×39/100＝3.9 μm。

每次实验所用显微镜的镜筒长度不变，目镜用 10×，物镜用 10× 及 40×，则 10×10 和 10×40 两个组合都要标出。

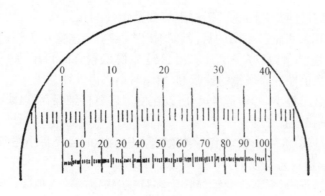

图 2-2-3　目尺的标化

（二）实物的测量方法

将待测定物体的标本片放在载台上，用目尺测量出目标物的小格数，然后乘以标化出的目尺每格代表的实际长度即可。

测定实物时，通常使用高倍物镜，此时目尺每格代表的实际长度较小，因而测量误差也较小。只有在高倍镜视野中容纳不下该物体时，才使用低倍镜。一般需测 5～10 次，取平均数。

（1）平直长度的测量。在显微镜下确定测量对象并调焦至清晰，用已校正的目尺测量目标物，用量得的小格数乘以目尺每格代表的实际长度，即得所量物体的长度。

（2）弯曲长度的测量。先用显微描绘器将测量对象描绘在绘图纸上，然后用一根细线沿图像放好，剪去多余部分，拉直，用直尺量取其长度，再除以放大倍数即可。

（3）细胞壁厚度的测量。例如，测量纤维和导管分子壁的厚度时，应观察纵切装片或解离组织装片，选择细胞中部进行测量，测量时需做数个代表性部位的测量，包括数值最小和最大的测量。一般不可在横切面上测量纤维等长轴细胞壁的厚度。

（4）超过目尺全长或超过一个视野的直径时，需先找到待测物分段的标记（如特定纹孔、孔沟或壁的凹凸点等），再移动标本片，最后用目尺进行分段测量，求其和即可。

四、注意事项

（1）目尺的格间距离因显微镜放大倍数及镜筒的长短而不同，因此须用台尺来标定。当使用放大倍数不同的目镜和物镜时，需重新按操作步骤进行计算。若用固定的显微镜测量，最好一次计算出目镜和物镜重叠时目尺每一小格的数值（μm），并将此数值贴在显微镜的镜箱上，使用时不必再计算。

（2）因测微尺很小，特别是目尺，所以在使用后要仔细保存，以防损坏测微尺。保存前，要将测微尺擦干净。

（3）在测量实物时，一般采用高倍镜组合，因为此时目尺每小格所代表的实际长度较小，故测量误差也较小。

（4）测量过程中，不宜改变镜筒长度和目镜、物镜的放大倍率，否则目尺须重新校正。

第三章　显微常数的测定

常见的显微常数是指栅表比、气孔数、气孔指数、脉岛数等。主要应用于叶类药材或带叶的草类药材的定性鉴别。尤其是同属不同种的药材,当各种间在结构、毛茸、气孔、结晶等方面均较相似时,则常用叶的显微常数测定法鉴别。由于同属各种间在显微常数方面存在稳定的差异性,故能起到有效的鉴别作用。现将两种番泻叶的显微常数测定结果列于表 2-3-1 中。

表 2-3-1　两种番泻叶的鉴别(显微常数的测定)

品名	脉岛数	气孔指数	栅表比	
			上表皮	下表皮
亚历山大番泻叶 *Cassia acutifolia*	25.0～30.0	11.4～13.0	4.5～9.5～18.0	3.5～7.0～14.0
印度番泻叶 *C. angustifolia*	19.5～22.5	17.1～20.0	4.0～7.5～12.0	2.5～5.1～10.5

由较常应用的栅表比、气孔指数及脉岛数等 3 种显微常数测定数据可见,同属两种番泻叶存在差异,测定结果证明,用显微常数测定法可以有效地鉴别两者。

一、栅表比

栅表比(栅表细胞比)是指一个表皮细胞下的平均栅栏细胞数目。栅表比与上表皮细胞数有较为恒定的关系,而且测定栅表比可从十分细小的粉末中取得材料,因此具有一定的鉴别意义。当材料为等面叶时,如番泻叶,则可分别测定上、下表皮的栅表比。

(一)测定方法

用表皮制片,一般从叶主脉旁的上、中、下三部分取材;或取粉末制片。

(1) 取一小片叶片(约 2 mm²)置载玻片上,加水合氯醛试剂并加热至透明后,加 1 滴甘油酒精液,再盖上盖玻片。

(2) 在高倍镜下,用显微描绘器先绘制 4 个相连接的表皮细胞轮廓,然后微调使其向下,绘出这 4 个表皮细胞下的所有栅栏细胞,并计数。

(3) 计算。计数时若大半个栅栏细胞在表皮细胞内则计数;在外则不计数。所得总数除以 4 即每一个表皮细胞下的栅栏细胞数。每一小块材料应测 4～10 次,最后求得平均数。此平均数即样品的栅表比。上、中、下三部分样都可据此获得相应的栅表比。

(4) 观察叶的粉末时,需按如上方法记录不同微粒的一定数量的栅表比。

(二) 注意事项

制作表皮装片时应注意区分叶的上、下表面,一般上表面向上。若材料为等面叶,需测定下表皮栅表比时,则需将下表面向上。

二、气孔数

气孔数是指叶每平方毫米表皮上的气孔平均数。

(一) 测定方法

从叶中部取样,透化制成表皮装片后观察,用显微描绘器在白纸上画下台尺 1 mm² 的方框,并反射到显微镜下与叶碎片重合,再在此方框范围内,用"X"做记号,代气孔,并计数。一般需测 10～30 个单元(每个单元面积为 1 mm²),然后求平均数。

(二) 气孔比值

气孔比值是指同种叶上、下表皮气孔数的比值,叶上、下表皮气孔数的比值有一定的鉴别意义。

三、气孔指数

气孔指数是指单位面积(一个视野)表皮内气孔数占表皮细胞数(包括气孔在内)的百分比。这个比例关系较恒定,较气孔数有更大鉴别意义。

(一) 测定方法

计算一个视野中的表皮细胞数和气孔数,并代入以下公式即可得:

$$I = \frac{S \times 100}{E + S}$$

式中,S 为单位面积内的气孔数;E 为单位面积内的表皮细胞数;I 为气孔指数。

(二)注意事项

(1)用水合氯醛试剂制成叶表皮装片供观察计数。最好用表皮撕离法,特别当叶片质地较厚时更有必要。

(2)计数时,仍需利用显微描绘器,可用"O"做记号,代表皮,用"X"做记号,代气孔。描绘在纸上,以便分别计数。

四、脉岛数

叶的叶肉组织中由最细小叶脉相互连接而围成的小块面积称为脉岛。叶的每平方毫米内脉岛的数目称为脉岛数。此数较为稳定,有一定的鉴别意义。因测定需要的叶面积较大,所以不适用于粉末叶类药材的测定。

(一)测定方法

取叶片中部、边缘与主脉间部分的叶片(5 mm² 小方块),滴加水合氯醛试剂加热,透化后用低倍镜观察。把预先在白纸上画下的台尺 1 mm² 或 2 mm² 的方框,用描绘器反射到显微镜下与叶片重合,计算方框内的脉岛总数,最后算出每平方毫米内的脉岛数。凡位于方框四边被切割的不完全脉岛,只能计其两侧的,而另两侧不计入。对 10~20 个方框计数,取其平均数。

(二)注意事项

经透化后的叶片,如仍不清晰,则主要有下列原因:

(1)草酸钙结晶过多。可将切取的叶片小块(5 mm² 的小方框)浸泡在浓度为 10% 的盐酸中,并在水浴中加热至透明,可溶解草酸钙结晶。

(2)表皮细胞中含有大量黏液质。在透化后或用水浸泡后将叶片表皮撕去。

(3)叶中有较多色素存在。可将叶片小块浸入次氯酸钠溶液中,浸渍漂白 6~24 h,用蒸馏水洗净后即可观察。

第四章　植物显微绘图

植物显微绘图是植物科学工作的重要组成部分,是对文字描述的形象补充和印证,图文相辅相成,不仅可以更为详尽地记载植物微观的内部构造,而且能够准确地反映植物的某些典型细节和种间区别,从而利于对植物进行鉴别和开发利用。因此,植物显微绘图技术是学习药用植物学必须掌握的基本技能之一。

一、植物显微绘图的要求

(一)注重科学性和准确性

植物显微绘图是对植物内部构造进行科学记录的过程,也是对绘图对象进行客观反映,因此必须以科学的态度和方法对待。

(1)认真学习植物形态、解剖及分类学的基本知识,正确理解植物体各器官的有关理论。尽可能地了解植物的生长环境和正常的生长状态,做到以科学理论为指导绘图。

(2)植物显微绘图的一个重要基础是选择具有典型特征的标本。

(3)必须认真观察需绘图的材料,清楚所需观察的结构,掌握各部分特征。必须依据实际观察到的图像绘图,绘图不能夸张,严格按照标本或显微镜下的图像进行绘制。为了表达准确,可选择较为典型的材料或区域影像进行绘制。不要凭空假想,不要单纯以书本照抄、照画,要保证形态结构的准确性,达到生物绘图所具有的科学性。

(二)辅以艺术性

植物显微绘图绝不是简单地依葫芦画瓢,应在全面观察、准确理解的基础上,采用必要的艺术加工手法,绘出既有准确的科学内容又有完美的艺术形式的植物显微图,力争达到科学性和艺术性的统一。

(1)绘图前,应根据绘图的数量和内容,合理布局图的位置。布局范围内,图要画在实验报告纸的稍偏左侧,图中各部分结构一律用平行线引出注于图的右侧,并用铅笔正楷书写。图题和所用材料的名称及部位均写在图的下方,必要时应注明放大倍数。在绘图纸上方标明实验题目。

（2）植物显微绘图是黑白点线图，应注意轻重适宜、有疏有密、层次分明，以统一体现整体和突出重点。切忌用涂抹阴影的方法代替点线。

二、显微绘图的方法

植物显微绘图是在显微镜观察的基础上，绘制出植物细胞、组织和器官内部构造的特征，包括绘制组织详图和组织简图。器官内部构造图又可分为横切面图、纵切面图和表面观图。

（一）组织简图

组织简图用线条表示各种组织的界限，用特定的符号表示某些特殊组织类型和特征，无需绘出细胞形状。

（1）按显微镜视野中的观察图像，依一定比例用线条清晰绘出构造的轮廓。

（2）在轮廓图上用线条区分出各类组织的界限，用特定的符号表示某些特殊组织类型和特征，注意各类组织分布的比例，在各区向右引出平行线条并注字说明。

（二）组织详图

组织详图是以细胞的详细形状和特征（细胞壁厚度、增厚的层纹、典型内含物等）以及分布特点绘制的器官、组织、细胞的构造图。组织详图包括器官构造图、解离组织图和组织粉末图等，其中器官构造图根据要求和观察内容又分为全图和局部图。

（1）绘出全部或部分器官的轮廓图，在轮廓图上用细线条划分出各类组织的分布，注意各部分比例要适当。

（2）绘制详图时，一般只绘出标本的 $1/3\sim1/2$，要求所绘部分能表示清楚该器官的构造特点。

（3）在显微镜视野中选定该器官的部分结构，不要移动载玻片，按正确比例，根据组织细胞特点，逐一描绘细胞结构及细胞间的相互联系，如细胞形状、大小，细胞壁薄厚等。绘器官部分图的边缘细胞时，可只绘每个细胞的一部分，表示所绘图属于标本的一部分，最后加点或线条详细表示各部分的细胞特征。向右引出平行线条并注字说明各部分名称。

（三）绘制方法

显微图的主要绘图方法有徒手绘图法、网格绘图法和显微摄像绘图法。

（1）徒手绘图法。将绘图纸平铺于显微镜右侧的工作台上,左眼观察显微镜内的物像,右眼注视绘图纸。选择特征较为典型的部分,用 HB 铅笔在绘图纸上勾绘出草图,再仔细观察标本内容,进行修改,直至满意,最后用 2H 铅笔描绘成型。

此方法的优点是简便易操作,不需特殊仪器用品。但要求绘图者不仅能熟练进行显微镜操作,而且应具有一定的绘图经验,否则难以准确绘出细胞组织的形状和各部分之间的比例,容易失真。

（2）网格绘图法。在显微镜的目镜上装一个网格测微尺,此测微尺载玻片中央有 1 cm² 的方格,方格划分成 100 个或 1000 个小方格。在绘图纸上根据放大倍数画出方格。按常规方法测出网格测微尺上每小方格边长的校正值,再乘以预定的放大倍数(即为绘图纸上方格的边长),据此绘图。

此方法适用于在低倍镜下描绘形状较大的观察对象,绘制的图像较为准确,同时也便于正确测量。

（3）显微摄像绘图法。将拍摄的标本底片(即负片)按绘图所需放大倍数制成相应的相片,然后描到硫酸纸上。

三、组织简图符号

组织简图符号如图 2-4-1 所示。

四、显微绘图的注意事项

（1）注重科学性。所绘的图一定要真实地反映显微观察的内容,不可涂阴影。

（2）根据观察的内容和实验要求,选择典型的、特征明显的部分绘图。

（3）绘图时,可先用 HB 铅笔绘出轮廓,描轮廓时注意实物或标本各部分的正确比例,然后用较硬(2H)铅笔绘出全图线条。

（4）绘图时,要一笔勾出,粗细均匀,光滑清晰,切勿重复描绘。线条应徒手绘制,不可使用直尺、曲线板等工具,线条应均匀圆润,颜色深浅一致,每根线条都不可重复涂绘,连接处应注意不要重叠。绘草图的铅笔尖要长而尖,注意经常削磨,保持其顶端尖细。绘图时,用笔要轻,以便于修改,图像绘好以后将多余的线条擦拭干净,保持图面洁净。图中的点应小而圆,分布均匀,切勿用涂抹阴影或画线条的方法代替圆点。

（5）绘制组织简图的线条和点以及各种细胞组织的表示方法应前后一致。

（6）绘制组织详图时,通常选择组织中有代表性的细胞进行绘制,每个细胞的形状、细胞壁的厚度、层纹、纹孔等尽可能地绘制准确。同一组织中的细胞内含物如淀粉粒等,只需在一部分细胞中画出即可。

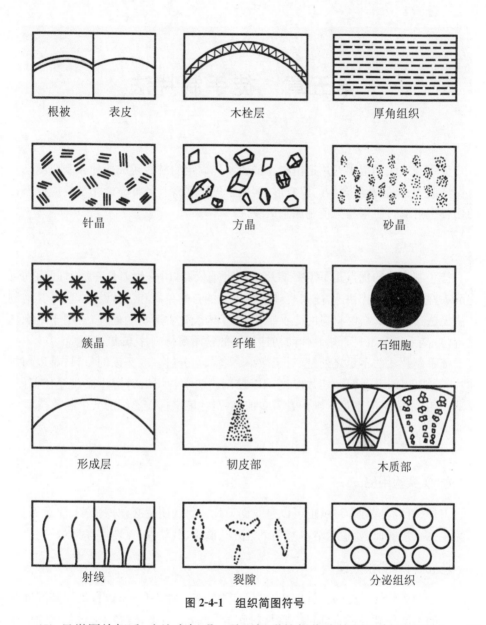

根被　　表皮　　　　　　木栓层　　　　　　厚角组织

针晶　　　　　　　　　　方晶　　　　　　　　砂晶

簇晶　　　　　　　　　　纤维　　　　　　　　石细胞

形成层　　　　　　　　　韧皮部　　　　　　　木质部

射线　　　　　　　　　　裂隙　　　　　　　　分泌组织

图 2-4-1　组织简图符号

　　（7）显微图绘好后，应注字标明。需要标明的部位或特征用直尺画引线，一般在图的右边注字。引线要细、直而平行，间距要适当，避免太拥挤而影响美观。引线的起点一定要指在需注明的部位，终点要整齐。注字要准确、工整、清晰、大小适中。如注字太多，可在图的右边代标阿拉伯数字，再在图的下方用汉字进行相应标注。

第五章 徒手制片法

徒手制片法是指用刀片把植物新鲜或预先固定的材料切成薄片。制成的切片可保持组织、细胞及后含物的原有形态,便于进行观察及各种显微化学反应。所做的切片也可通过脱水与染色制成永久装片。

一、特点

徒手制片法的优点是不需要切片机等贵重仪器,用一片刀片在短时间内即可完成,方法简便、制片快速,能观察到植物组织的自然色泽和活体结构,这是其他制片法无法达到的。新鲜材料的徒手制片,由于未经化学药物的处理,常用于组织化学定位;徒手切片也是石蜡制片前初选材料的常用简易制片方法。

徒手制片法的不足之处是,对于微小、柔软、水分过多或坚硬的材料,难以切成薄片;不能做成连续切片、切片厚度难以控制。初学者切出的切片往往存在偏厚、厚薄不匀、不完整等不足。操作者需多加练习,才能掌握较熟练的徒手制片技术。

二、方法和步骤

(一) 实验用品

刀片(可以是单面刀片,也可以是双面刀片。每次用后必须擦干净,注意保护,以免生锈)、培养皿(盛适量清水)、毛笔、镊子、滴管、载玻片、盖玻片等。

(二) 材料的预处理

一般选用软硬适度的新鲜植物的根、茎或叶等。如果是干材料,可用潮湿纱布包裹湿润 2 h,至软硬适宜即可。将材料切成长 3 cm 以上、直径 1 cm 左右的块或段,较坚硬的药材直径取 0.5 cm 为宜,待切面应修平。

质地坚硬的材料经软化处理后方能切片。常用的软化方法是,在玻璃干燥器中放入 0.5% 苯酚水溶液,将需软化的材料放入不加盖的小玻璃器内并置于干燥器的横隔板上,密封干燥器盖即可。经 12~24 h 后,一般材料均可吸湿软化。较坚硬的材料,可置水中浸软或煮沸,时间长短视材料坚硬程度而定(如竹茎需煮一天);或用纯甘油浸泡。极坚硬的材料,还可用氢氟酸浸渍软化后切片。方法是将材料用水煮过后,放入氢氟酸与水各半的溶液中。若十分坚硬,可用纯氢氟酸软化,取出后用水洗净备用。注意若材料组织中含硅质块,是为鉴别特征,因氢氟酸可溶解硅质块,所以不可选用此法。另因氢氟酸腐蚀玻璃,故放置材料的标本瓶宜选用塑料质地。

柔软而不便切片的材料可浸入 70%～95%乙醇溶液中,20 min 后即可变得较硬。一些较小或较软的材料,如叶片、花、根尖、雄蕊、子房等,难以直接用手夹住,可以用胡萝卜、马铃薯或通草的茎髓将其固定,然后做徒手切片。细小的种子或果实可直接浸入熔融的石蜡中,使材料外包石蜡;或取一小方块石蜡,用烧红的解剖针在石蜡的一端烫一小孔后,立即将材料放入孔中,待石蜡凝固后便可进行切片。

(三)徒手切片

同实验三中"徒手切片法"。

(四)染色及封固

徒手切片一般不染色,按照检测的需要直接封藏于适宜的试剂中,如水合氯醛试液或某种显微化学试剂中。

如需短期保存切片,可在染色后的切片上滴加 1 滴 10%甘油,再盖上盖玻片。加甘油的目的是使切片更透明,同时避免切片失水变干、变黑。

若需制作永久显微标本片,应选用结构完美、清晰的切片,按照石蜡切片的脱水、染色、透明及封固等步骤完成操作即可:

将切片移入小烧杯中,经 50%,60%,70%各级乙醇溶液进行脱水及固定,每级 5 min,然后移入 1%番红染液(用 70%乙醇溶液配制)中 30 min 或更长时间。

继续移入 80%,90%,95%各级乙醇溶液中脱水,每级 5 min。然后移入 1%固绿染液(用 95%乙醇配制)中染色 30 s 左右,再移入 95%乙醇中洗去浮色,最后移入无水乙醇中脱水 5 min。

切片置于无水乙醇-二甲苯(1∶1)的溶液中 5 min,再移入纯二甲苯中 5 min,此时组织切片呈透明状态。

将切片置于载玻片中央,滴加 1 滴加拿大树胶于材料上,盖上盖玻片,进行镜检。将镜检合格的载玻片平放于摊片盘中,然后将摊片盘置 37 ℃烘箱中烘片。在干燥后的装片左边贴上标签,注明材料名称、制作日期和制作者姓名等信息。

第六章 组织离析制片

植物组织离析制片是用各种机械或化学试剂等处理,使组织中的细胞彼此分离的制片方法。对于分离出来的细胞单元,可以在显微镜下观察长、宽、厚立体形态结构。经分离的材料,可以用于临时观察,也可以制作成永久切片。植物材料不同,处理方法也不同。

一、硬组织离析法(硝酸-铬酸法)

硬组织离析法适用于木质化的组织,如导管、管胞、纤维、石细胞等。具体方法如下:

(1)配制铬酸-硝酸离析液:取10%铬酸溶液和10%硝酸溶液等量混合。

(2)离析前将材料洗净,切成小片或火柴杆粗细、长约1 cm的小条,放入平底小烧瓶中,加入体积为材料10～20倍的铬酸-硝酸离析液,盖紧瓶塞,置于30～40℃温箱中,经1～2 d,取少许置载玻片上,滴水加盖玻片后,用滴管橡皮头轻轻敲压盖玻片:若材料离散,则表明浸渍可停止;若材料仍未离析好,则可换新的离析液,继续浸渍1～2 d。

(3)材料离析好后,倒去离析液,用清水反复多次清洗,直到没有任何黄色为止,然后移到70%乙醇溶液中,进行随时观察。

二、浓硝酸离析法

浓硝酸的离析作用很强,适用于极坚硬的材料,如木材的离析。具体方法如下:

将坚硬的木材块切成火柴梗粗细(长约1 cm)的小条或撕成丝状,然后投入盛有浓硝酸溶液(用市售浓硝酸1份加蒸馏水1份制成)的试管或烧杯中,材料需要完全浸没在浓硝酸溶液中,再加入数小粒氯化钾晶体,水浴(或酒精灯)加热至沸腾,直至材料变白为止(为了安全,需在通风橱内进行)。倾去浸离液,用清水浸泡4～5次,尽量除尽酸液。然后用玻璃棒捣散组织,转入离心管中低速离心(或静置沉淀后),弃除上清液,另加入50%或70%乙醇溶液保存备用。

三、软组织离析法

(一)盐酸法

盐酸法较浓硝酸法缓和,适用于草本植物的髓、薄壁细胞、叶肉组织等的离析。具体方法如下:

把材料切成约 1 cm×0.5 cm×0.2 cm 的小块,浸入 4 份 95％乙醇溶液及 1 份盐酸的混合液中 1～2 d,然后用水洗 4～5 次,移入 10％氨水中 10～15 min,再用水清洗。为了加速离析,可用玻棒搅动,用解剖针撕分。分离后的材料保存于 70％乙醇溶液中备用。

(二)氨水离析法

氨水离析法用于观察分生组织细胞的立体形态结构。将刚发芽的蚕豆、大豆或其他植物的幼根纵切成薄片,在浓氨水中浸泡 24 h,以溶去细胞之间的中胶层。再在含 10％氢氧化钠的 50％乙醇溶液中浸泡 24 h,然后用水清洗。最后,用染纤维素的方法染色,使材料出现深蓝色,取少许材料于载玻片上,盖上盖玻片,并用解剖针柄轻敲,使细胞完全分离。在显微镜下可以观察到分生细胞的立体形态。

注意:染色方法是先将 1％碘液滴加在材料上,再滴加 5％硫酸溶液染色,使材料变成深蓝色。

(三)氢氧化钾或氢氧化钠法

氢氧化钾或氢氧化钠法的具体方法如下:

取适量材料置试管中,加 5％氢氧化钾或 5％氢氧化钠溶液适量(2～5 mL),在沸腾水浴中加热 30 min 左右,直至用玻棒挤压材料能离散为止。倾去碱液,材料用水洗涤后,取少许在载玻片上用解剖针撕开,用稀甘油封藏后观察。

经过上述方法处理后,木化细胞仍保留木质素,所以仍显示出木化反应,草酸钙结晶也仍可见;但成群的石细胞及纤维束常难以单个分离。

欲制成半永久性的解离组织标本片,可将解离后的材料封藏于甘油明胶液中。

要制成永久性的解离组织标本片,可将解离后的材料用 95％乙醇溶液浸洗 2次,倾去乙醇溶液,再加无水乙醇浸洗 2 次,以完全除去水分,倾去无水乙醇,加二甲苯浸洗 2 次,最后用中性树脂封藏。

第七章　植物组织化学

　　植物组织化学应用化学反应或染色与化学反应相结合的方法,将组织或细胞内的某种化学成分(如细胞内的核酸、蛋白质、脂肪、淀粉粒、角质、栓质、果胶质纤维素、木质素、维管等)在组织切片内原位显示。用于研究和测定植物的器官、组织及细胞中的化学组成,内含物的种类、化学性质、含量和分布。植物组织化学与选用染料染色不同,植物组织化学染色的特点是利用已知的化学反应原理,选用特定的试剂使植物体内特定的化学成分呈现出特定的颜色。

　　植物组织化学可确定药用植物组织中有效成分存在的部位,从而为药材的品种鉴别及质量研究提供依据。组织化学的应用必须在所鉴定的药用植物有效成分明确的情况下,选择对有效成分具有特殊反应的化学试剂,使之产生颜色或结晶,以便用显微镜确定有效成分的存在部位。植物组织化学法还可以与染色法结合,使植物组织呈现出不同的颜色,如花生子叶经石蜡切片、PAS反应(过碘酸-希夫反应)后,再用橘红G染色,切片上可显示红色、黄色两种鲜艳的颜色。植物组织化学法已广泛应用于植物学研究、农林科学等领域。

一、细胞壁物质的显微化学鉴别

(一) 纤维素

植物细胞壁最主要的成分是纤维素,鉴别测定方法如下:

1. 氯化锌-碘液法

(1) 配方。A液:碘化钾1 g、碘0.5 g、蒸馏水20 mL;B液:氯化锌20 g、蒸馏水8.5 mL。配制时,将B液微加热溶解后,冷却,再将A液一滴滴地加入B液中,加以振荡,至出现碘的沉淀物为止。

(2) 方法。① 将切片置载玻片上;② 在切片上加1滴氯化锌-碘混合液,富含纤维素的细胞壁即显出蓝紫色反应。测定纸浆纤维素也可采用此法,但试剂的配制略有差异:

A液:碘化钾42 g、碘2 g、蒸馏水100 mL;B液:氯化锌200 g、蒸馏水100 mL。B液稍加热使氯化锌溶解后冷却,将A液、B液混合,过夜,留上清液备用。

2. 碘-磷酸法

(1) 配方。碘化钾 0.5 g、碘(结晶)少许、浓磷酸 25 mL。

(2) 方法。将上液微加热使其全部溶解,将此液滴在材料上,凡是含有纤维素的部分,都显深紫色。

(二) 木质素

1. 间苯三酚反应法

取临时切片置载玻片上,加间苯三酚试液 1 滴于材料中,静置 2～8 min 后再加入浓盐酸 1 滴,盖上盖玻片。木质化的细胞壁显红色。红色的深、浅取决于木质化程度,故常有木质化和非木质化之分,若细胞壁不显红色,则应称其为非木质化的细胞壁。如图 2-7-1 至图 2-7-3 所示。

2. 苯胺反应法

(1) 配方。硫酸苯胺：乙酸：50%乙醇溶液＝2：4：194。

(2) 方法。① 将切片置载玻片上；② 加 1 滴上述染色液,木化的细胞壁即呈现鲜黄色反应；③ 脱水透明：经各级乙醇脱水,二甲苯透明,50%乙醇溶液→70%乙醇溶液→85%乙醇溶液→95%乙醇溶液→100%乙醇→50%无水乙醇溶液＋50%二甲苯溶液→二甲苯溶液(2 次)；④ 加拿大树胶封片。

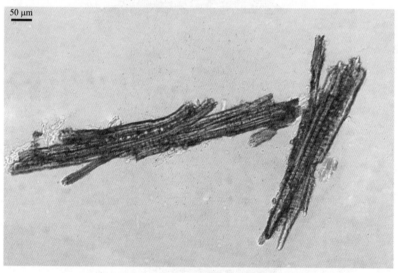

图 2-7-1　关黄柏纤维束(间苯三酚-浓盐酸试液显色)

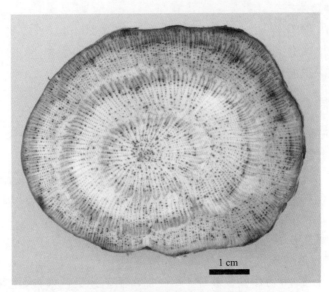

1 cm

图 2-7-2　葛根膨大块根(间苯三酚-浓盐酸试液显色)

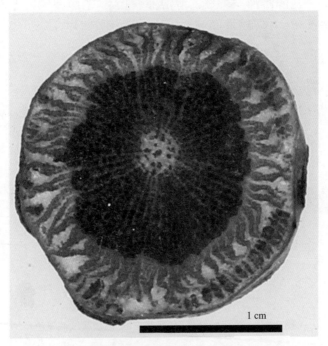

1 cm

图 2-7-3　葛根输导根(间苯三酚-浓盐酸试液显色)

（三）角质和栓质

1. 苏丹Ⅲ（或苏丹Ⅳ）染色法

（1）配方。苏丹Ⅲ（或苏丹Ⅳ）溶于70％乙醇溶液中，制成饱和溶液即可使用。

（2）方法。① 在切片上滴加1滴苏丹Ⅲ（或苏丹Ⅳ）的70％乙醇饱和液，新鲜材料经20 min染色；② 用50％乙醇溶液浮色；③ 临时观察可在切片上滴加1滴甘油，在显微镜下观察，角质或木栓质呈红色反应。

2. 碘-氯化锌染色法

（1）配方。同前"纤维素"的鉴别。

（2）方法。① 将切片置小烧杯中，滴入浓氢氧化钠浸泡数小时，使其栓质和木质变成黄色，加热使栓质膨胀，黄色变浓，再加温煮沸，颗粒物出现，冷却后用水洗净；② 将切片置载玻片上，滴加1滴碘-氯化锌，颗粒物很快呈现紫红色。

二、糖类的显微化学鉴别

（一）淀粉

碘-碘化钾法是一种鉴别淀粉的典型显微化学反应。碘与淀粉作用，形成碘化淀粉，呈蓝色反应。

（1）配方。碘化钾2 g、碘1 g、蒸馏水300 mL。

（2）方法。先将碘化钾加热溶于5 mL蒸馏水中，然后加入碘，待其溶化后再将溶液稀释至300 mL。将植物切片或粉末置载玻片上，滴加碘试液1滴，盖上盖玻片后进行镜检。若淀粉呈蓝色反应，则表明此为直链淀粉；若为侧链淀粉，则显紫红色。加热褪色，放冷则颜色复现，用此方法可鉴别样品中含量少而细小的淀粉粒。

马铃薯淀粉粒（碘-碘化钾试液显色）如图2-7-4所示。

（二）菊糖

菊糖溶于水，不溶于乙醇和甘油，能在乙醇中形成结晶，因此在观察前，可先将材料浸泡在95％乙醇溶液中过夜，使菊糖形成扇形或圆形的结晶。如再用水合氯醛试液（10 g水合氯醛＋4 mL蒸馏水）处理，结晶会出现明亮的辐射状结构和同心层纹理。用水合氯醛试液（不加热）久置，结晶则溶化。

（1）取植物类药材制成粉末，用95％乙醇溶液装片，菊糖呈块片状或扇形结晶，并呈现放射状纹理。

（2）α-萘酚-浓硫酸反应。滴加1滴含2％ α-苯酚的95％乙醇溶液，盖上盖玻片。1～2 min后用滤纸吸除多余试液，并从盖玻片边缘滴加1滴浓硫酸，呈现紫色反应后自动溶解。

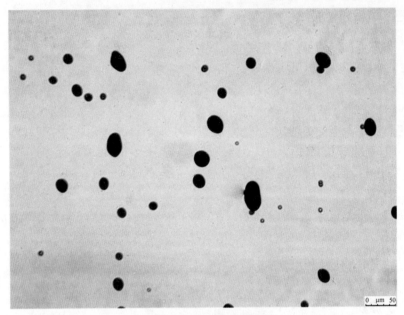

图 2-7-4　马铃薯淀粉粒

（3）麝香草酚-浓硫酸反应。滴加 1 滴麝香草酚试液后，再滴加 1 滴 80％硫酸溶液，盖上盖玻片，菊糖呈胭脂红色反应后自动溶解（图 2-7-5）。

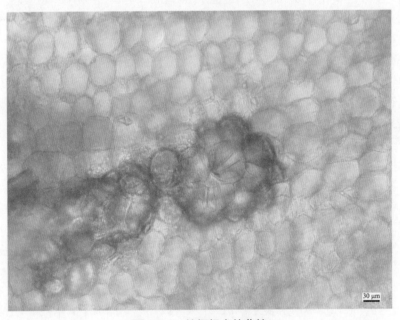

图 2-7-5　桔梗根中的菊糖

(三) 多糖

1. PAS 反应原理

过碘酸-希夫(PAS)试液是多糖的一种有效指示剂,其基本原理是利用过碘酸(氧化剂)破坏多糖分子中的 C—C 键,变为醛基,醛基与希夫试剂相结合,生成一种红色的反应物。过碘酸对 C—C 键的作用和其他氧化剂如 $KMnO_4$,H_2CrO_4 及 H_2O_2 的不同在于它不能继续氧化新形成的醛基,因而能充分给予希夫试液与新醛基结合成为红色物质的机会。

2. PAS 反应法

(1) 配方。过碘酸试液:过碘酸 0.5 g,蒸馏水 100 mL。希夫试液:碱性品红 0.5 g,蒸馏水 100 mL,焦亚硫酸钠 0.5 g。

(2) 方法。① 复水,即切片经各级乙醇下降至蒸馏水层;② 置 0.5% 过碘酸溶液中 10 min;③ 用自来水清洗 2～3 min,再用蒸馏水过一遍;④ 用希夫试液染色 20～30 min 至染为深紫红色为止(为加速反应,可以在温台上进行);⑤ 用水洗去浮色,再用蒸馏水过一遍;⑥ 漂洗 2 次,每次各 5 min;⑦ 用自来水清洗 2～3 min,再用蒸馏水过一遍。

(四) 葡萄糖、果糖、麦芽糖、蔗糖

糖类以溶解状态存在于活细胞中,不易看到其结晶状态。对于糖的测定,没有特别的染色反应,常用苯肼试液。

(1) 配方。A 液:盐酸苯肼 1 g、甘油 10 mL;B 液:乙酸钠 1 g、甘油 10 mL。将 A 液、B 液分别装在棕色瓶中贮存备用。

(2) 方法。① 取 A 液、B 液各 1 滴,于载玻片上混合;② 置切片于载玻片上的混合液中,盖上盖玻片,切片中的糖与苯肼反应呈黄色。约 1 h 后,果糖最早析出成束的黄红色针状结晶,一天或几天以后,葡萄糖开始析出成束的黄色针状结晶。麦芽糖形成扇形的针状结晶。在室温下,蔗糖不产生结晶,只有当切片在石棉网上或水浴上加热煮沸 30～60 min 后,蔗糖水解后才能产生葡萄糖样的结晶。

(五) 黏液质、果胶质类

(1) 加钌红试液,呈红色;加玫红酸钠试液亦显红色。

(2) 加亚甲蓝试液,显天蓝色。

(3) 加硫堇试液,显红色至紫色,并膨胀成球形团块。

(4) 加墨汁,黏液质呈无色透明块状,其他细胞组织及细胞后含物均呈黑色。此即墨汁反应。(制作切片时宜避免水液,黏液质遇水会强烈膨胀或溶解,从而影

响反应结果。试样宜置于潮湿空气中,浸入甘油和乙醇等量混合液软化后备用)。

三、糊粉粒(蛋白质)类的显微化学鉴别

蛋白质类大多易溶于水,故制片时应避免与水接触;若试样含油脂较多,则宜选用石油醚或乙醚脱脂后再进行实验,否则会影响反应结果。

(一)碘-碘化钾法

将切片材料置于载玻片上,滴加1滴碘-碘化钾试液,盖上盖玻片,在显微镜下观察,含有蛋白质的细胞内呈现黄色。

例如,观察花生子叶中的蛋白质,用此液染色后,蛋白质和淀粉同时染色,蛋白质呈黄色,淀粉粒呈蓝色。如果在染色前将切片材料先用水洗去液泡中所含的其他物质,则可使染色反应更加准确。

(二)氧化汞-溴酚蓝法

(1)配方。氯化汞1g、溴酚蓝0.05g、2%乙酸溶液100 mL。

(2)方法。① 材料用卡诺、乙醇、甲醛、FAA(标准固定液)等固定液固定(避免用锇酸);② 将已脱蜡的切片复水,顺序为100%乙醇→95%乙醇溶液→85%乙醇溶液→70%乙醇溶液→蒸馏水;③ 将切片浸入氧化汞-溴酚蓝染色液中,室温保持2 h;④ 用0.5%乙酸溶液清洗5 min,以除去附着的染料;⑤ 用流水冲洗5 min;⑥ 用甘油装片,蛋白质染成鲜蓝色;或用叔丁醇脱水,用二甲苯使之透明,最后用加拿大树胶封片。

(三)硝酸汞试液法

显黄棕色或黄色。

(四)三硝基苯酚试液法

显黄色。

(五)硫酸铜试液法

加硫酸铜及苛性钠试液加热时呈红色。

(六)硝酸试液法

用浓硝酸制片,放置后可见含酪氨酸的蛋白质颗粒显鲜黄色。稀释硝酸后滴加氨水,可见黄色变深呈橘或黄棕色(树脂及生物碱类与硝酸反应也呈黄色,但加

氨水后颜色无变化）。

四、鞣质类的显微化学鉴别

（一）铁盐试液法

用三氧化铁或氯化亚铁、醋酸铁、硫酸铁等试液制片。试样中若含水解鞣质，则显蓝黑色；若为缩合鞣质，则显黑绿色。

（二）钨酸钠试液法

取药材切片或粉末，用钨酸钠试液制片，可见黄棕或红棕色沉淀物。

（三）钼酸铵及氯化铵等量混合的饱和试液法

取药材切片或粉末，用两者等量混合的饱和试液制片，可见黄色沉淀物（注意应避免材料接触水或稀酸，否则沉淀溶解；另外，试液应为新鲜配制的溶液）。

五、草酸盐的显微化学鉴别

（一）草酸钙结晶的鉴别

加 50％硫酸溶液，形成硫酸钙针晶；加氯化钡试液 1～2 滴，形成硫酸钡膜状物。

（二）草酸镁结晶的鉴别

常呈不规则的聚合物或放射状类球形结晶，加 50％硫酸溶液，结晶溶解（存在于某些单子叶植物中，因加 50％硫酸溶液不产生针晶而便于鉴别）。

六、碳酸钙结晶的显微化学鉴别

加醋酸试液，结晶溶解并产生气泡（若为草酸盐结晶，加醋酸试液则无反应）。

七、生物碱类的显微化学鉴别

取切片或粉末加碘化铋钾、碘-碘化钾试液，应生成红色沉淀；或加 1％～5％的氯化金和氯化铂溶液，则形成一定形状的结晶性沉淀。各种生物碱的鉴别方法如下：

（一）百部生物碱的鉴别

取新鲜百部根切片并置于载玻片上，滴加 1 滴氯化金试液，形成颗粒状结晶。

(二) 莨菪碱的鉴别

取颠茄叶、根或曼陀罗叶切片并置于载玻片上,滴加氯化锌碘溶液,形成多角形片状结晶。

(三) 小檗碱的鉴别

① 取黄连、黄柏等含小檗碱的药材粉末并置于载玻片上,滴加 1 滴 1‰的盐酸溶液,形成黄色针状或杆状盐酸小檗碱结晶。

② 若在上述药材粉末中滴加 1~2 滴乙醇溶液及 1 滴 30%硝酸溶液,则形成黄色针状或针簇状硝酸小檗碱结晶;放置或加热后,结晶消失而显红色。

八、苷类的显微化学鉴别

(一) 苦杏仁苷的鉴别

(1) 苦味酸钠反应法。将药材切片(苦杏仁等)浸入苦味酸溶液 30 min,切片经水冲洗后置于载玻片上,滴加 10%碳酸钠溶液,则显砖红色。

(2) 普鲁士蓝反应法。将苦杏仁等的厚切片置于 2%氢氧化钾溶液中片刻,取出切片后,放入等量并经加热至沸的 0.5%三氧化铁和 20%氧化亚铁的混合溶液中 10 min 左右,再移至盐酸中约 5 min,切片显蓝色。

(二) 微量升华的鉴别

微量升华法是利用生药中所含的某类化学成分,在经加热后能升华(直接形成固体)的性质而获取升华物,经镜检可观察升华物的颜色、形状及显色反应等,从而可鉴别该类生药。具体方法是:将生药粉末置于铁皮片(大小同载玻片)上的铜制空心圈中(圈高及直径均为1cm 左右),再于铜圈上方加一载玻片,在载有铜圈及粉末的铁皮片下方用酒精灯加热,待有升华物凝集在上方的载玻片上时,取下凝聚有升华物的载玻片进行镜检,注意结晶的颜色和形状,再加特定试液观察显色反应。

(三) 蒽醌类的鉴别

取大黄粉末进行微量升华,取凝集有升华物的载玻片加盖玻片后进行镜检,可见黄色羽毛状的针形结晶,滴加 1 滴碱液,结晶溶解并显红色。

(四) 丹皮酚的鉴别

取丹皮粉末进行微量升华,将凝集有升华物的载玻片加盖玻片置显微镜下观察,可见长柱状或针状结晶,滴加 1 滴 1%三氧化铁-乙醇溶液,结晶溶解显暗紫色。

(五)甘草皂苷的鉴别

取甘草切片并置于载玻片上,加 80%硫酸溶液,显黄色至黄棕色;或加氢氧化钠溶液,则显红色无定形物质。

九、乳汁类的显微化学鉴别

取药材切片并置于载玻片上,滴加 1 滴 20%醋酸溶液(固定乳汁及媒染作用),再滴加 1 滴苏丹Ⅲ试液,必要时可稍加热,乳汁被染成红色。

十、脂肪油及树脂类的显微化学鉴别

(一)苏丹Ⅲ试液法

在植物学中测定脂肪油最常用的试液是苏丹Ⅲ(Sudan Ⅲ)或苏丹Ⅳ的乙醇溶液。

(1)配方。① 苏丹Ⅲ(或苏丹Ⅳ)0.1 g、95%乙醇溶液 50 mL、甘油 50 mL;② 苏丹Ⅲ(或苏丹Ⅳ)0.5 g、70%乙醇溶液 100 mL。

(2)方法。① 将切片材料放在载玻片上;② 滴加 1 滴苏丹Ⅲ溶液,保持 30 min～1 h,微微加热可缩短染色时间;③ 用 50%乙醇溶液迅速洗去多余的染料;④ 用甘油封片;⑤ 脂肪油被染成淡黄色至红色(图 2-7-6)。

(二)锇酸试液法

加锇酸试液,脂肪油呈棕黑色,树脂则无变化。

十一、挥发油类的显微化学鉴别

挥发油类成分复杂,但均溶于 80%乙醇溶液中,而脂肪油和树脂类则不溶,可以此相区别。针对挥发油的不同类型可做下列实验:

(一)薄荷油的鉴别

取薄荷粉末进行微量升华,当载玻片上凝聚有挥发油的滴状物时,取下载玻片并反转,使有升华物的一面朝上,加香草醛使之结晶少许,滴加 1～2 滴浓硫酸显橙黄色或黄色,再滴加 1 滴水液变成紫红色,此为薄荷醇的显色反应。

(二)桂皮油的鉴别

取桂皮或肉桂等粉末少许进行微量升华,取下载玻片,滴加 1 滴 10%盐酸苯肼

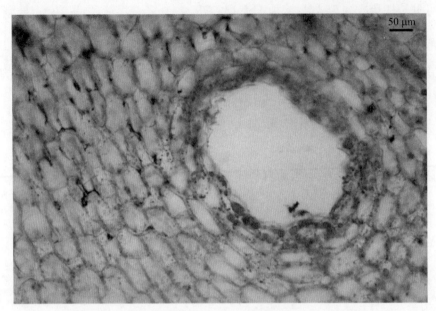

图 2-7-6　苍术根状茎分泌腔中的挥发油(苏丹Ⅲ试液显色)

溶液,显微镜下可见桂皮醛苯肼杆状结晶。

取上述粉末少许并置于载玻片上,滴加氯仿数滴,再加入盐酸苯肼试液,进行镜检可见上述结晶。

(三) 丁香油的鉴别

取丁香粉末少许并置于载玻片上,滴加氯仿数滴及 3‰氢氧化钠的氯化钠饱和溶液 1 滴,盖上盖玻片,进行镜检可见丁香酚钠的针状结晶。

参 考 文 献

［1］ 王勋陵，王静. 植物形态结构与环境［M］.兰州:兰州大学出版社,1989.

［2］ 楼之岑,童玉懿. 叶类生药鉴定图说［M］.北京:人民卫生出版社,1990.

［3］ 胡正海. 植物分泌结构解剖学［M］.上海:上海科学技术出版社,2012.

［4］ 胡正海. 植物解剖学［M］.北京:高等教育出版社,2010.

［5］ 胡正海. 药用植物的结构、发育与药用成分的关系［M］.上海:上海科学技术出版社,2014.

［6］ 储姗姗,查良平,段海燕,等. 中国芍药组7种植物根的生长轮及其在赤芍类药材鉴别中的应用［J］.中国中药杂志,2017,42(19):3723-3727.

［7］ 陈俊华,舒光明,姜荣兰. 中药粉末显微鉴别手册:第一卷［Z］.成都:四川省中药研究所,1985.

［8］ 陈俊华,舒光明. 中药粉末显微鉴别手册:第二卷［Z］.成都:四川省中药研究所,1986.

［9］ 陈俊华,舒光明. 中药粉末显微鉴别手册:第三卷［Z］.成都:四川省中药研究所,1989.

［10］ 赵中振. 中药显微鉴别图鉴［M］.沈阳:辽宁科学技术出版社,2005.

［11］ 赵中振,陈虎彪. 中药显微鉴定图典［M］.福州:福建科学技术出版社,2016.

［12］ 陈新滋,杨大坚,區靖彤,等. 名贵药材鉴别［M］.香港:天地图书有限公司,2013.

［13］ 尹稍 K. 种子植物解剖学［M］.李正理,译.上海:上海科学技术出版社,1982.

［14］ 胡浩彬. 名贵中药材显微图鉴［M］.南京:江苏科学技术出版社,2012.

［15］ 文瑞良. 中药材彩色显微图鉴［M］.北京:中国医药科技出版社,2002.

［16］ 王玉玺. 中药组织鉴别彩色图谱［M］.北京:人民军医出版社,1989.

［17］ 冯燕妮,李和平. 植物显微图解［M］.北京:科学出版社,2013.

［18］ Ellis B,Daly D C,Hichey L J, 等. 叶结构手册［M］.谢之金,王宇飞,王青,等译.北京:北京大学出版社,2012.

［19］ 李萍,钱忠直. 中华人民共和国药典:中药材显微鉴别彩色图鉴［M］.北京:人民卫生出版社,2009.

［20］ 曹建国. 生物(显微)摄影及电子图版制作教程［M］.北京:科学出版社,2007.

［21］ 刘穆. 种子植物形态解剖学导论［M］.5版.北京:科学出版社,2010.

［22］ Metcalfe C R,Chalk L. Anatomy of the Dicotyledons［J］. London:Oxford University Press, 1957.

［23］ Schweingruber F H,Poschlod P. Growth Ring in Herbs and Shrubs:Life Span, Age Determination and Stem Anatomy［J］. Forest Snow and Landscape Research, 2005,79 (3):195-415.

[24] Yin M Z, Yang M, Chu S S, et al. Quality Analysis of Different Specification Grades of *Astragalus membranaceus* var. *mongholicus* (Huangqi) from Hunyuan, Shanxi [J]. Journal of AOAC International, 2019, 102(3): 734-740.

[25] Chen L L, Chu S S, Zhang L, et al. Tissue-specific Metabolite Profiling on the Different Parts of Bolting and Unbolting *Peucedanum praeruptorum* Dunn (Qianhu) by Laser Microdissection Combined with UPLC-Q/TOF-MS and HPLC-DAD [J]. Molecules, 2019, 24(7): 1439-1456.

[26] Xie H Q, Chu S S, Zha L P, et al. Determination of the Species Status of *Fallopia multiflora*, *Fallopia multiflora* var. *angulata* and *Fallopia multiflora* var. *ciliinervis* Based on Morphology, Molecular Phylogeny, and Chemical Analysis [J]. Journal of Pharmaceutical and Biomedical Analysis, 2019, 166: 406-420.

[27] Zhao Y J, Zha L P, Han B X, et al. Compare the Microscopic Characteristics of Stems of the 24 Dendrobium Species Utilized in the Traditional Chinese Medicine "Shihu"[J]. Microscopy Research and Technique, 2018, 81(10): 1191-1202.

[28] Li R Q, Yin M Z, Yang M, et al. Developmental Anatomy of Anomalous Structure and Classification of Commercial Specifications and Grades of the *Astragalus membranaceus* var. *mongholicus*[J]. Microscopy Research and Technique, 2018, 81(10): 1165-1172.

[29] Cheng M E, Wang D Q, Peng H S, et al. *Corydalis huangshanensis* (Fumariaceae), A New Species from Anhui, China[J]. Nordic Journal of Botany, 2018, 36(10): e01960.

[30] Duan H Y, Cheng M E, Yang J, et al. Qualitative Analysis and the Profiling of Isoflavonoids in Various Tissues of Pueraria Lobata Roots by Ultra Performance Liquid Chromatography Quadrupole/Time-of-Flight-Mass Spectrometry and High Performance Liquid Chromatography Separation and Ultraviolet-Visible Detection [J]. Pharmacognosy Magazine, 2018, 14(56): 418-424.

[31] Chu S S, Tan L L, Liu C C, et al. Growth Rings in Roots of Medicinal Perennial Dicotyledonous Herbs from Temperate and Subtropical Zones in China[J]. Microscopy Research and Technique, 2018, 81(4): 365-375.

[32] Wang W H, Yang J, Peng H S, et al. Study on Morphological Characteristics and Microscopic Structure of Medicinal Organs of *Pulsatilla chinensis* (Bunge) Regel[J]. Microscopy Research and Technique, 2017, 80(8): 950-958.

[33] Zhao Y J, Han B X, Peng H S, et al. Identification of "*Huoshan shihu*" Fengdou: Comparative Authentication of the Daodi Herb *Dendrobium huoshanense* and Its Related Species by Macroscopic and Microscopic Features [J]. Microscopy Research and Technique, 2017, 80(7): 712-721.

[34] Peng H S, Wang J, Zhang H T, et al. Rapid Identification of Growth Years and Profiling of Bioactive Ingredients in *Astragalus membranaceus* var. *mongholicus* (Huangqi) Roots from Hunyuan, Shanxi[J]. Chinese Medicine, 2017, 12: 14.

[35] Liu C C, Cheng M E, Peng H S, et al. Identification of Four Aconitum Species Used as

"Caowu" in Herbal Markets by 3D Reconstruction and Microstructural Comparison[J]. Microscopy Research and Technique，2015，78(5)：425-432.

［36］ Liang J B，Jiang C，Peng H S，et al．Analysis of the Age of *Panax ginseng* Based on Telomere Length and Telomerase Activity[J]．Scientific Reports. 2015，5：7985.

［37］ Wang Y J，Peng H S，Shen Y，et al．The Profiling of Bioactive Ingredients of Differently Aged *Salvia miltiorrhiza* Roots[J]．Microscopy Research and Technique，2013，76(9)：947-954.

［38］ Zha L P，Chen M E，Peng H S．Identification of Ages and Determination of Paeoniflorin in Roots of *Paeonia lactiflora* Pall．from Four Producing Areas Based on Growth Rings [J]．Microscopy Research and Technique，2012，75(9)：1191-1196.

［39］ 段海燕，程铭恩，彭华胜，等．野葛块根的异常结构解剖学研究[J].中国中药杂志,2015,40(22):4364-4369.

［40］ 王军,谢晓梅,彭华胜.苦参根中异常结构的发育及药用部位调查[J].中国中药杂志,2012,37(12):1720-1724.

［41］ 彭华胜,刘文哲,胡正海,等.栽培太子参块根中皂苷的组织化学定位及其含量变化[J].分子细胞生物学报,2009,42(1):1-10.

［42］ 彭华胜,刘文哲,胡正海,等.栽培太子参根的发育解剖学研究[J].西北植物学报,2008,28(5):861-867.

《药用植物学显微实验》勘误

P72：图 1-6-9 ,图注中"3. 纤维束"应改为"3. 维管束"。

P73：图 1-6-11,图注中"1. 本质部；2. 韧皮部；3. 纤维素"应删除。

P78：图 1-7-5,更改如下：

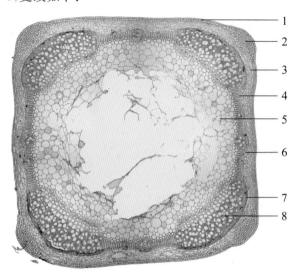

图 1-7-5　薄荷茎的次生构造

1. 表皮；2. 厚角组织；3. 皮层；4. 形成层；5. 髓；

6. 内皮层；7. 次生韧皮部；8. 次生木质部

P81：图 1-7-9,更改如下：

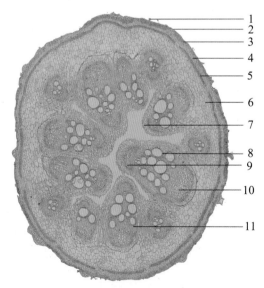

图 1-7-9　南瓜茎的次生构造